U0298609

楼宇自动控制设备安装与维护专业
国家技能人才培养
工学一体化课程标准

人力资源社会保障部

中国劳动社会保障出版社

图书在版编目（CIP）数据

楼宇自动控制设备安装与维护专业国家技能人才培养工学一体化课程标准 / 人力资源社会保障部编 . -- 北京：中国劳动社会保障出版社，2024． -- ISBN 978-7-5167 -6118-2

Ⅰ. TU855

中国国家版本馆 CIP 数据核字第 202480ES44 号

中国劳动社会保障出版社出版发行

（北京市惠新东街 1 号　邮政编码：100029）

*

河北虎彩印刷有限公司印刷装订　　新华书店经销

787 毫米 ×1092 毫米　16 开本　12.25 印张　286 千字

2024 年 11 月第 1 版　　2024 年 11 月第 1 次印刷

定价：37.00 元

营销中心电话：400-606-6496

出版社网址：https://www.class.com.cn

https://jg.class.com.cn

人力资源社会保障部办公厅关于印发
31 个专业国家技能人才培养工学一体化
课程标准和课程设置方案的通知

人社厅函〔2023〕152 号

各省、自治区、直辖市及新疆生产建设兵团人力资源社会保障厅（局）：

为贯彻落实《技工教育"十四五"规划》（人社部发〔2021〕86 号）和《推进技工院校工学一体化技能人才培养模式实施方案》（人社部函〔2022〕20 号），我部组织制定了 31 个专业国家技能人才培养工学一体化课程标准和课程设置方案（31 个专业目录见附件），现予以印发。请根据国家技能人才培养工学一体化课程标准和课程设置方案，指导技工院校规范设置课程并组织实施教学，推动人才培养模式变革，进一步提升技能人才培养质量。

附件：31 个专业目录

人力资源社会保障部办公厅

2023 年 11 月 13 日

附件

31 个专业目录

（按专业代码排序）

1. 机床切削加工（车工）专业
2. 数控加工（数控车工）专业
3. 数控机床装配与维修专业
4. 机械设备装配与自动控制专业
5. 模具制造专业
6. 焊接加工专业
7. 机电设备安装与维修专业
8. 机电一体化技术专业
9. 电气自动化设备安装与维修专业
10. 楼宇自动控制设备安装与维护专业
11. 工业机器人应用与维护专业
12. 电子技术应用专业
13. 电梯工程技术专业
14. 计算机网络应用专业
15. 计算机应用与维修专业
16. 汽车维修专业
17. 汽车钣金与涂装专业
18. 工程机械运用与维修专业
19. 现代物流专业
20. 城市轨道交通运输与管理专业
21. 新能源汽车检测与维修专业
22. 无人机应用技术专业
23. 烹饪（中式烹调）专业
24. 电子商务专业
25. 化工工艺专业
26. 建筑施工专业
27. 服装设计与制作专业
28. 食品加工与检验专业
29. 工业设计专业
30. 平面设计专业
31. 环境保护与检测专业

说　明

为贯彻落实《推进技工院校工学一体化技能人才培养模式实施方案》，促进技工院校教学质量提升，推动技工院校特色发展，依据《〈国家技能人才培养工学一体化课程标准〉开发技术规程》，人力资源社会保障部组织有关专家制定了《楼宇自动控制设备安装与维护专业国家技能人才培养工学一体化课程标准》。

本课程标准的开发工作由人力资源社会保障部技工教育和职业培训教材工作委员会办公室、技工教育和职业培训教学指导委员会共同组织实施。具体开发单位有：组长单位北京市工贸技师学院，参与单位（按照笔画排序）广州市机电技师学院、中山市技师学院、成都市技师学院、杭州第一技师学院。主要开发人员有：韩嘉鑫、张洪、赵会霞、刘向勇、杨耿国、沈霖、张小德、梁瑞儿、胡松、王州、刘海军等，其中韩嘉鑫为主要执笔人。

此外，同方人工环境有限公司姜立新等作为企业专家，协助开发单位共同完成了本专业培养目标的确定、典型工作任务的提炼和描述等工作。

本课程标准的评审专家有：广州市职业技术教育研究院辜东莲、中国物流与采购联合会张晓梅、北京柏斯顿自控工程有限公司夏东培、首钢技师学院田玫、中国制冷空调工业协会陈敬良。

在本课程标准的开发过程中，中国物流与采购联合会的张晓梅作为技术指导专家提供了全程技术指导，中国人力资源和社会保障出版集团提供了技术支持并承担了编辑出版工作。此外，在本课程标准的试用过程中，技工院校一线教师、相关领域专家等提出了很好的意见建议，在此一并表示诚挚的谢意。

本课程标准业经人力资源社会保障部批准，自公布之日起执行。

目　录

一、专业信息

（一）专业名称

楼宇自动控制设备安装与维护

（二）专业编码

楼宇自动控制设备安装与维护专业中级技能层级：0205-4

楼宇自动控制设备安装与维护专业高级技能层级：0205-3

楼宇自动控制设备安装与维护专业预备技师（技师）层级：0205-2

（三）学习年限

楼宇自动控制设备安装与维护专业中级技能层级：初中起点三年

楼宇自动控制设备安装与维护专业高级技能层级：高中起点三年、初中起点五年

楼宇自动控制设备安装与维护专业预备技师（技师）层级：高中起点四年、初中起点六年

（四）就业方向

中级技能层级：面向智能建筑、物业管理行业企业就业，适应工程施工员、物业工程部设备运行管理员等工作岗位要求，胜任楼宇智能化设备安装调试、中控室运行值机及售后服务等工作。

高级技能层级：面向智能建筑、物业管理行业企业就业，适应现场工程师、物业综合维修员等工作岗位要求，胜任楼宇系统编程、调试、检测、故障处理及维修等工作。

预备技师（技师）层级：面向智能建筑、物业管理行业企业就业，适应楼宇高新技术员、工程项目经理等工作岗位要求，胜任楼宇智能化项目管理、系统设计与优化、系统集成等工作。

（五）职业资格/职业技能等级

楼宇自动控制设备安装与维护专业中级：智能楼宇管理员职业技能等级四级/中级工

楼宇自动控制设备安装与维护专业高级：智能楼宇管理员职业技能等级三级/高级工

楼宇自动控制设备安装与维护专业预备技师（技师）：智能楼宇管理员职业技能等级二级/技师

二、培养目标和要求

（一）培养目标

1. 总体目标

培养面向智能建筑、物业管理行业企业就业，适应工程项目施工与管理员、物业工程部设备运行管理员、楼宇高新技术支持工程师等工作岗位要求，胜任楼宇智能化设备安装调试、检测与故障处理、设计与优化、系统集成以及中控室运行值机、售后服务工作，掌握本行业安全防范系统、建筑设备监控系统、火灾报警系统、网络通信系统、音视频系统、会议广播系统现行技术标准及其发展趋势，具备自主学习、自我管理、信息检索、理解与表达、交往与合作、创新思维、解决问题等通用能力，安全意识、质量意识、规范意识、效率意识、成本意识、环保意识、市场意识、服务意识等职业素养，以及劳模精神、劳动精神、工匠精神等思政素养的技能人才。

2. 中级技能层级

培养面向智能建筑、物业管理行业企业就业，适应现场工程施工员、物业工程部设备运行管理员等工作岗位要求，胜任楼宇智能化设备安装调试、中控室运行值机及售后服务等工作，掌握本行业安全防范系统、建筑设备监控系统、火灾报警系统、网络通信系统现行技术标准及其发展趋势，具备自主学习、自我管理、信息检索、理解与表达、交往与合作、创新思维、解决问题等通用能力，安全意识、质量意识、规范意识、效率意识、成本意识、环保意识、市场意识、服务意识等职业素养，以及劳模精神、劳动精神、工匠精神等思政素养的技能人才。

3. 高级技能层级

培养面向智能建筑、物业管理行业企业就业，适应现场工程师、物业综合维修员等工作岗位要求，胜任楼宇系统编程、调试、检测、故障处理及维修等工作，掌握本行业安全防范系统、建筑设备监控系统、火灾报警系统、网络通信系统、音视频系统、会议广播系统最新技术标准及其发展趋势，具备自主学习、自我管理、信息检索、理解与表达、交往与合作、创新思维、解决问题等通用能力，安全意识、质量意识、规范意识、效率意识、成本意识、环保意识、市场意识、服务意识等职业素养，以及劳模精神、劳动精神、工匠精神等思政素养的技能人才。

4. 预备技师（技师）层级

培养面向智能建筑、物业管理行业企业就业，适应楼宇高新技术支持工程师、工程项目经理、数据分析师等工作岗位要求，胜任楼宇智能化项目管理、系统设计与优化、系统集成等工作，掌握本行业安全防范系统、建筑设备监控系统、火灾报警系统、网络通信系统设计的最新技术标准及其发展趋势，具备自主学习、自我管理、信息检索、理解与表达、交往与合作、创新思维、解决问题等通用能力，安全意识、质量意识、规范意识、效率意识、成本意识、环保意识、市场意识、服务意识等职业素养，以及劳模精神、劳动精神、工匠精神等思政素养的技能人才。

（二）培养要求

楼宇自动控制设备安装与维护专业技能人才培养要求见下表。

楼宇自动控制设备安装与维护专业技能人才培养要求表

培养层级	典型工作任务	职业能力要求
中级技能层级	楼宇系统运行值机与维护	1. 熟悉智能楼宇各系统的组成，能正确使用楼宇系统管理软件，按照值机要求和系统手册，查看楼宇系统的运行情况。 2. 能根据设备实物说出设备名称。 3. 能按照日常运行巡检计划，完成实时监视、报告、记录、保存和查询。 4. 能按照设备日常维护保养规程，正确选用工具及材料，严格遵守作业规范，进行设备运行巡检、清洁、润滑、测试、更换等操作。 5. 能够按照应急处理预案，及时、准确处理突发事件，具有责任意识。 6. 能准确定位故障设备，清晰描述故障现象，积极配合维修部门完成系统的故障检修，进行设备自检与试运行。 7. 能够完整、准确、规范地填写运行值班记录单、应急处理记录单、故障记录单等各类表单。 8. 能严格遵守"7S"管理制度、监控室值机人员管理制度、安全操作规程等，具有积极认真、吃苦耐劳的工作态度，并能自我约束，服从管理，尊重他人，进行有效沟通，恪守从业人员的职业道德。
	管线敷设与测试	1. 能阅读任务单，识读施工图，利用多种沟通技巧及综合分析能力与项目经理等相关人员进行专业沟通，明确工作任务和技术要求。 2. 能够查阅《综合布线系统工程设计规范》（GB 50311—2016）等资料，并在施工现场进行测量及定位等准备工作。能制订施工方案，并根据施工方案正确领取所需工具及材料。 3. 具备安全意识及责任意识，在施工过程中严格执行操作规范、安全生产制度、环保管理制度，完成各类管线敷设与测试工作。 4. 具备实事求是的职业素养和精益求精的工匠精神，能依据《电气装置安装工程 电缆线路施工及验收标准》（GB 50168—2018）等相关标准完成管线敷设与测试的自检工作，签字确认后提交质检部门进行质量检验。 5. 能与项目经理、施工人员等相关人员进行有效的沟通与合作，严格遵守从业人员的职业道德，具有吃苦耐劳、爱岗敬业的职业精神。

培养层级	典型工作任务	职业能力要求
中级技能层级	网络通信设备安装与调试	1. 能细致阅读任务单和图纸，与项目经理、客户、设备厂商技术人员等相关人员进行有效沟通，明确工作任务和要求。 2. 能全面勘查施工现场，主动查阅相关设备说明书、安装手册、调试手册等资料，通过团队合作合理制订工作方案。 3. 能根据工作方案，正确领取所需设备、工具、材料，准备调试所需的仪器仪表、软件等，做好施工前的安全防护准备，具备规范操作意识。 4. 能正确使用工具，根据有关标准和行业规范中的安装调试工序、工艺要求及施工规范，按照设备检查、设备安装、跳线制作、理线、设备运行调试等步骤完成设备安装和调试等工作任务，具备规范操作意识及质量意识。当实际环境与施工图不符或设备无法正常安装时，能及时与项目经理进行沟通，提出解决方案。 5. 能依据《公用计算机互联网工程验收规范》（YD/T 5070—2005）、《有线接入网设备安装工程验收规范》（YD/T 5140—2005）、《通信线路工程验收规范》（GB 51171—2016）等相关标准，实事求是进行相应作业的自检工作，并在任务单上正确填写工作记录及自检结果，签字确认后交付相关部门验收，并办理相关移交手续。具有认真细致、吃苦耐劳的工作态度。 6. 能在任务完成后，执行"7S"管理制度、废弃物管理规定、常用工具及仪器仪表的保养规范，完成施工现场的清理，设备、工具及仪器仪表的保养。 7. 能在作业过程中严格执行企业操作规范、安全生产制度、环保管理制度，严格遵守从业人员的职业道德，具备吃苦耐劳、爱岗敬业的职业精神。
	火灾报警及消防联动系统安装与调试	1. 能细致阅读任务单并识读施工图，利用多种沟通技巧及综合分析能力与项目经理等相关人员进行专业沟通，明确工作任务和要求。 2. 能查阅《电气装置安装工程　电缆线路施工及验收标准》（GB 50168—2018）、《火灾自动报警系统施工及验收标准》（GB 50166—2019）等资料，并根据施工现场情况对系统安装调试进行合理规划。能制订施工方案，并根据施工方案正确领取所需工具及材料。 3. 能规范使用工具，完成火灾报警系统、防烟排烟系统、消防灭火系统设备与防火分隔设施的安装工作，安装工艺符合相关技术规范。具备安全意识、质量意识。 4. 能完成设备编码及控制设备登记，能进行消防联动系统编程并试验探测器功能，能试验消防联动逻辑关系，能运行消防泵、排烟风机、防火卷帘等设施。

培养层级	典型工作任务	职业能力要求
中级技能层级	火灾报警及消防联动系统安装与调试	5. 能按照任务单、设备说明书及相关技术规范，坚持诚实守信原则，对火灾报警及消防联动系统安装与调试成果进行自检（或互检）、调整，确保系统安装与调试符合工艺要求且达到测量精度要求。 6. 能与项目经理等相关人员进行有效的沟通与合作，严格遵守从业人员的职业道德，具有吃苦耐劳、爱岗敬业的职业精神。
	安全防范系统安装与调试	1. 能阅读任务单并识读施工图，利用多种沟通技巧及综合分析能力与项目经理等相关人员进行专业沟通，明确工作任务和要求。 2. 能查阅《安全防范工程通用规范》（GB 55029—2022）等相关规范，到施工现场进行测量及定位等准备工作。能制订施工方案，并根据施工方案正确领取所需工具及材料。 3. 能依据《安全防范工程通用规范》（GB 55029—2022）等相关规范，在施工过程中严格执行企业操作规范、安全生产制度、环保管理制度，安全、负责任地完成楼宇安全防范系统设备安装与调试的工作。 4. 能依据《智能建筑工程质量验收规范》（GB 50339—2013）等相关验收规范，以实事求是的职业素养和精益求精的工匠精神，完成楼宇安全防范系统设备安装与调试的自检工作，并在任务单上正确填写施工完成的时间、施工记录及自检验收结果，签字确认后提交质检部门进行质量检验。 5. 能与项目经理等相关人员进行有效的沟通与合作，严格遵守从业人员的职业道德，具有吃苦耐劳、爱岗敬业的职业精神。
	音视频系统安装与调试	1. 能阅读任务单并识读施工图，利用多种沟通技巧及综合分析能力与现场技术人员等相关人员进行专业沟通，明确工作任务和技术要求。 2. 查阅资料，明确施工工艺及流程，制订工作方案，并根据工作方案正确领取所需材料、设备、工具。 3. 能按照工作流程与规范，在规定时间内布好各类线缆，完成线缆的端接和制作。能对设备进行安装固定，根据设计的系统图、接线图，完成系统的初步搭建并通电测试。在安装调试的过程中能严格依据相关标准，执行企业操作规范、安全生产制度、环保管理制度，完成安装调试任务。 4. 能依据验收规范，完成音视频系统的安装与调试工作，并在任务单上正确填写施工完成的时间、施工记录及自检验收结果，签字确认后提交质检部门进行质量检验。 5. 能与现场技术人员等相关人员进行有效的沟通与合作，严格遵守从业人员的职业道德，具有吃苦耐劳、爱岗敬业的职业精神。

培养层级	典型工作任务	职业能力要求
中级技能层级	建筑设备监控系统安装	1. 能阅读任务单，与相关人员有效沟通，明确工作任务和要求。 2. 能查阅相关技术资料，勘查现场，与现场技术人员沟通，制订施工方案，按要求领取设备、工具、材料、技术资料。 3. 能根据图纸及设备说明书，结合现场情况选择恰当的安装位置，正确使用工具，完成设备的安装。能正确调整设备安装角度，设置设备参数，确保系统设备安装符合工艺要求且达到测量精度要求。在安装过程中能严格依据相关标准，执行企业操作规范、安全生产制度、环保管理制度，具备安全意识和责任意识。 4. 能按照企业标准，规范使用工具，完成设备安装质量的检验，并规范填写检验报告及竣工报告。在检验过程中能严格依据相关标准，执行企业操作规范、安全生产制度，具备诚实的职业素养和良好的质量意识。 5. 能与相关人员有效沟通、合作，严格遵守从业人员的职业道德，具有吃苦耐劳、爱岗敬业的职业精神。
高级技能层级	网络通信系统配置与维护	1. 能阅读任务单，与项目经理、客户、设备厂商技术人员等相关人员进行有效沟通，明确工作任务和要求，注重团队合作。 2. 能全面勘查现场，主动查阅相关设备说明书、使用手册、技术文档等资料，明确设备的功能设置方法及网络通信系统维护方法等，通过团队合作合理制订工作方案。 3. 能根据工作方案正确领取所需工具、材料，准备所需的仪器仪表和软件等，做好施工前的安全防护工作，具备成本控制意识。 4. 能根据网络通信系统配置的流程和方法，完成网络通信系统的配置，具备规范实施意识。能进行系统维护，发现并处理常见系统故障，具备独立发现并解决问题的能力。 5. 能依据《公用计算机互联网工程验收规范》（YD/T 5070—2005）、《有线接入网设备安装工程验收规范》（YD/T 5140—2005）、《通信线路工程验收规范》（GB 51171—2016）等相关规范，实事求是地进行相应作业的自检工作，并在任务单上正确填写工作记录以及自检结果，签字确认后交付相关部门验收，具备精益求精的工匠精神。 6. 能在工作完成后，执行"7S"管理制度、废弃物管理规定以及常用工具、仪器仪表的保养规范，完成施工现场的清理，设备、工具及仪器仪表的保养等工作。 7. 能在作业过程中严格执行企业操作规范、安全生产制度、环保管理制度，严格遵守从业人员的职业道德，具有吃苦耐劳、爱岗敬业的职业精神。

培养层级	典型工作任务	职业能力要求
高级技能层级	火灾报警及消防联动系统检测与维护	1. 能细致阅读任务单并识读竣工图纸,利用多种沟通技巧及综合分析能力与主管等相关人员进行专业沟通,明确工作任务和要求。 2. 能查阅《建筑消防设施检测技术规程》(XF 503—2004)、《火灾自动报警系统施工及验收标准》(GB 50166—2019)等资料,并根据现场情况制订检测维护方案,正确领取所需工具及材料。 3. 具备安全意识及责任意识,能依据标准、规范,排查系统故障,检测系统设备,完成系统维护工作。 4. 能按照操作规范进行相应的设备自检并试运行,恢复系统功能,具有精益求精的工匠精神和质量管控意识。 5. 能用文字将检测内容、检测过程、维护工作描述清楚,分别填入检测记录单、维修记录单中。团结协作,利用多媒体设备和专业术语对工作进行记录、评价,将资料归档,交付验收。
	安全防范系统检测与故障处理	1. 能阅读任务单、维修记录单、设备说明书,识读施工图等资料,利用多种沟通技巧及综合分析能力与现场技术人员等相关人员进行专业沟通,明确工作任务和要求。 2. 能查阅操作规程,通过故障现象初步分析故障范围,领用工具。能运用常用的故障分析法,进行故障分析、故障部件排查等工作,确定故障部件。 3. 能够根据故障诊断结果制订维修计划,正确使用检测与维修工作的相关工具和仪器仪表有效排除故障,使系统能够正常运行。在故障排除的过程中严格遵守相关标准,执行企业操作规范、安全生产制度、环保管理制度,完成故障检测任务。 4. 能正确填写故障现象、故障原因、维修工作完成时间以及自检验收结果,签字确认后交付客户或物业管理人员进行验收。 5. 在维修过程中注意人身安全并遵守现场工作管理规范,正确着装,穿戴安全防护用品。完成维修工作后,完成现场的清理以及设备和工具的维护保养,遵守"7S"管理制度。 6. 能与维修保养主管、物业管理员、客户、工程施工技术员等相关人员进行有效的沟通与合作,严格遵守从业人员的职业道德,具有吃苦耐劳、爱岗敬业的职业精神。
	会议广播系统测试与检修	1. 能阅读任务单,识读施工图,与现场技术人员等相关人员进行专业沟通,明确工作任务和要求。 2. 能查阅操作规程等资料,通过故障现象初步分析故障范围,领用工具。能运用常用的故障分析法,进行故障分析、故障部件排查等工作,确定故障部件。

培养层级	典型工作任务	职业能力要求
	会议广播系统测试与检修	3. 能根据故障诊断结果制订维修计划，正确使用检测与维修工作的相关工具和仪器仪表有效排除故障，使系统能够正常运行。在维修过程中严格遵守相关标准，执行企业操作规范、安全生产制度、环保管理制度，具备安全意识和责任意识。 4. 能依据相关验收规范完成会议广播系统的测试与维修工作，并在任务单上填写测试、维修完成的时间、故障记录以及自检验收结果，签字确认后提交质检部门进行质量检验。 5. 与现场技术人员、施工人员等相关人员进行有效的沟通与合作，严格遵守从业人员的职业道德，具有吃苦耐劳、爱岗敬业的职业精神。
高级技能层级	建筑设备监控系统检测与维护	1. 能阅读任务单，与相关人员有效沟通，明确工作任务和要求。 2. 能查阅相关技术资料，勘查现场，与相关人员沟通，制订工作方案，按要求领取设备、工具、材料、技术资料，具备时间管理意识与节约意识。 3. 能按照建筑设备监控系统检测与维护的工作流程与技术规范，正确使用工具完成系统检测与维护，并能及时处理检测出的故障，使系统能够正常运行。检测与维护过程中严格遵守相关标准，执行企业操作规范、安全生产制度、环保管理制度，具备责任意识和效率意识。 4. 能按照企业标准，对建筑设备监控系统检测与维护工作进行核查确认，并规范填写检测与维护报告。在检验过程中严格遵守相关标准，执行企业操作规范、安全生产制度，具备诚实的职业素养和良好的质量意识。 5. 能依据企业质量管理制度，对已完成的工作进行记录、评价，将资料归档。具备爱岗敬业的职业精神，能够为建筑设备监控系统改造提供建设性建议。 6. 在检测与维护过程中，严格执行企业操作规范、技术规程、安全生产制度。严格遵守从业人员的职业道德，具有紧密团结、互助友爱的协作精神，具有吃苦耐劳、爱岗敬业的职业精神。 7. 能与上级主管等相关人员进行有效的沟通与合作。能遇事不慌乱，冷静地分析和处理问题。
	建筑设备监控系统编程调试	1. 能阅读任务单，与有关人员沟通协调，明确工作任务和要求。 2. 能勘查现场，正确领取所需工具、设备、技术资料等，正确安装编程软件。 3. 能查看并分析技术资料，根据任务要求，规范使用专用软件，完成建筑设备监控系统逻辑程序及监控画面程序的编写，具有模块化思维、可持续扩展意识及创新意识。 4. 能规范使用工具，完成监控系统设备及线路检查。确保设备及线路状态良好后，完成程序调试。

培养层级	典型工作任务	职业能力要求
高级技能层级	建筑设备监控系统编程调试	5. 能依据相关验收规范，按照任务要求，完成建筑设备监控系统编程调试的自检工作，规范填写建筑设备监控系统运行自检记录单，签字确认后交付相关部门验收，具备良好的职业道德和精益求精的工匠精神。 6. 能与设备生产厂家技术人员、资料管理员等相关人员进行沟通协调，能使用多种相关编程软件。
技师（预备技师）层级	网络通信系统设计与构建	1. 能与客户和项目经理进行交流，明确工作任务和要求，思考设计路径，寻求创新。 2. 能通过团队合作分析任务，准确查阅文献、技术手册、相似案例等资料，编写设计方案（内容包括设备选型、结构布局设计、功能设计等），具备全局意识。 3. 能根据设计方案编写实施方案，形成甘特图（横道图），并本着精益求精的精神，根据行业现阶段技术发展趋势，在规定时间内完成各网络环境下网络通信系统的构建任务（包括设备安装、调试及功能设置等），对行业发展趋势有较高的敏感度。 4. 能在系统构建完毕后进行系统测试，监测交换机、路由器、防火墙、无线网络相关设备、服务器、虚拟专用网络（VPN）相关设备等设备中各通信数据是否正常，同时进行相关设备中异常状况与常见故障的排查，具备网络安全意识。 5. 能按照标准流程正确验收，完成网络通信系统设计、构建实施成果的交付验收，并办理相关移交手续，完成工作总结汇报，具备精益求精的工匠精神。 6. 工作中能合理进行组织管理与资源整合，善于整体规划，具有网络安全意识、全局把控意识，对行业发展趋势具有较高敏感度，具备开拓创新、追求卓越的工匠精神。
	火灾报警及消防联动系统设计	1. 能与相关人员进行交流，明确工作任务和要求，思考设计路径，寻求创新。 2. 能通过团队合作分析任务，准确查阅文献、技术手册、相似案例等资料，编写设计方案，具备全局意识。 3. 能根据设计方案出具项目设计说明、系统选型方案、施工图等施工资料，并本着精益求精的精神，遵循有关标准，综合考量行业发展情况等因素，在规定时间内设计出最优解决方案，对行业发展趋势具有较高的敏感度。 4. 能查阅并按照有关标准修正设计方案。 5. 能讲清设计意图，汇报展示设计思路，利用多媒体设备和专业术语展示工作成果。

培养层级	典型工作任务	职业能力要求
技师（预备技师）层级	安全防范系统设计	1. 能阅读任务单，与相关人员有效沟通，明确工作任务和要求。 2. 能查阅设计说明书、有关标准、行业规范，了解系统总体功能、技术性能、技术指标、所用设备的数量与型号、工作环境情况、控制要求等，明确项目设计的工作要点。 3. 能勘查现场，全面了解被防护对象的基本情况，调查和了解被防护对象所在地及周边环境。按照纵深防护的原则，草拟布防方案，拟定周界、监视区、防护区、禁区的位置，并对布防方案所确定的防区进行现场勘查。现场勘查结束后能编写现场勘查报告。 4. 能根据技术说明和有关标准编写初步设计方案。 5. 能绘制指导施工的图纸，起草相应的文件。 6. 能组织会审，利用搜索、调研等方式多渠道收集整理信息，解读项目文件，进而以多种方式进行图纸会审。
	建筑设备监控系统设计与实施	1. 能阅读任务单，与相关人员有效沟通，明确工作任务和要求。 2. 能查阅相关图纸与技术规范，勘查现场后制订设计方案，具备创新思维以及以人为本、节能减排的发展理念。 3. 能依据设计方案，依照标准，制订方案附件（内容包括系统设备选型表、监控点位表、项目图纸等），具有成本控制意识、可持续扩展意识。 4. 能根据设计方案编写实施方案。 5. 能根据项目图纸，依照标准，完成建筑设备监控系统的安装。 6. 能依据设计方案和设计标准，规范使用专用软件，完成系统逻辑程序及监控画面程序的编写与调试，实现系统功能。在系统调试过程中严格执行企业操作规范、安全生产制度、环保管理制度。具备逻辑思维能力、模块化意识及严谨认真的态度。 7. 能依据相关规范，合作完成建筑设备监控系统 120 h 连续试运行工作，系统功能符合设计方案中的设计要求。如果出现问题，整改后重新计时，并规范填写试运行报告。具备不畏艰难、集智攻关的精神。 8. 能与客户方技术员、现场技术人员等相关人员进行有效的沟通与合作，严格遵守从业人员的职业道德，具备以人为本、绿色节能的发展理念，严谨的思维及创新意识。
	楼宇技术指导与培训	1. 能够及时发现并纠正楼宇技术人员工作中的违规操作、工作流程错误等问题，确保工作质量，消除安全隐患。 2. 能履行岗位工作职责，分析、解答技术人员在完成任务过程中遇到的疑难问题，并采取现场讲解、示范操作、小组探讨等方式对技术人员进行指导，提升其专业技术水平。

培养层级	典型工作任务	职业能力要求
技师（预备技师）层级	楼宇技术指导与培训	3. 能与培训主管部门进行沟通，了解培训需求，确定培训目标，制订培训方案。能依据培训方案编写培训讲义、课件，明确考核要求。 4. 能根据培训方案对楼宇技术人员进行集中培训，指导其应用新材料、新工艺、新技术。 5. 能在培训结束后对培训满意度调查结果进行分析。能针对培训过程中出现的问题提出改进意见，并向企业主管部门进行反馈。 6. 能与部门同事、维修部人员、管理人员等相关人员进行有效的沟通与合作，严格遵守从业人员的职业道德，具备高度的责任意识，以及吃苦耐劳、爱岗敬业的职业精神。

三、培养模式

（一）培养体制

本专业应依据职业教育有关法律法规和校企合作、产教融合相关政策要求，按照技能人才成长规律，紧扣技能人才培养目标，结合学校办学实际情况，成立专业建设指导委员会。通过整合校企双方优质资源，制定校企合作管理办法，签订校企合作协议，推进校企共创培养模式、共同招生招工、共商专业规划、共议课程开发、共组师资队伍、共建实习基地、共搭管理平台、共评培养质量，实现本专业高素质技能人才的有效培养。

（二）运行机制

1. 中级技能层级

中级技能层级人才培养宜实行"学校为主、企业为辅"的校企合作运行机制。

根据本层级技能人才培养目标，依据本行业相关法律法规以及产品生产、经营相关规范，通过推进以下八个维度的校企合作，实现工学一体化技能人才培养模式落地，使学生具有职业相关的法律知识，能够制订方案、识读施工图，具备楼宇设备认知、楼宇设备安装调试、中控室运行值机等专业能力。

（1）校企围绕本层级技能人才培养目标，结合本层级课程设置方案，研讨协同育人的方法、路径，共同制订本层级技能人才培养方案，共创培养模式。

（2）校企发挥各自优势，按照人才培养目标，以初中生源为主，制订招生招工计划，通过开设企业订单班等措施，共同招生招工。

（3）校企对接本领域行业协会和标杆企业，紧跟行业发展趋势、技术更新趋势和生产方式变革趋势，紧扣企业岗位能力最新要求，以学校为主，推进专业优化调整，共商专业规划。

（4）校企围绕就业和职业特征，结合本地本校办学条件和学情，推进本专业工学一体化课程标准向校级课程标准的转化，进行学习任务二次设计、教学资源开发，共议课程开发。

（5）校企双方发挥学校教师专业教学能力和企业技术人员工作实践能力各自优势，通过推动教师开展企业工作实践，聘请企业技术人员开展实践教学等方式，组建学校教师为主、企业兼职教师为辅的师资团队，推进课程教学，共组师资队伍。

（6）校企基于工学一体化学习工作站和校内实训基地的建设，共同规划建设集校园文化与企业文化、学习过程与工作过程为一体的校内外学习环境，共建实习基地。

（7）校企基于工学一体化学习工作站、校内实训基地等学习环境，参照企业管理规范，突出企业在职业认知、企业文化、就业指导等层面的作用，共搭管理平台。

（8）校企根据本层级技能人才培养目标、国家职业标准和企业用人需求，共同制定评价标准，对学生能力、素养和职业技能等级实施评价，共评培养质量。

基于上述机制，校企双方共同推进本专业中级技能层级人才综合职业能力培养，科学设计培养目标、培养过程、评价体系，并实施对学生相应通用能力、职业素养和思政素养的培养。

2. 高级技能层级

高级技能层级人才培养宜实行"校企双元、人才共育"的校企合作运行机制。

根据本层级技能人才培养目标，依据本行业相关法律法规以及产品生产、经营相关规范，通过推进以下八个维度的校企合作，实现工学一体化技能人才培养模式落地，使学生具有楼宇系统常见故障排查及维修、楼宇系统编程与调试等专业能力。

（1）校企围绕本层级技能人才培养目标，结合本层级课程设置方案，研讨协同育人的方法、路径，共同制订本层级技能人才培养方案，共创培养模式。

（2）校企发挥各自优势，按照人才培养目标，以初中、高中、中职学校生源为主，制订招生招工计划，通过开设校企双制班、企业订单班等措施，共同招生招工。

（3）校企对接本领域行业协会和标杆企业，紧跟行业发展趋势、技术更新趋势和生产方式变革趋势，紧扣企业岗位能力最新要求，合力制订专业建设方案，推进专业优化调整，共商专业规划。

（4）校企围绕就业和职业特征，结合本地本校办学条件和学情，推进本专业工学一体化课程标准向校级课程标准的转化，进行学习任务二次设计、教学资源开发，共议课程开发。

（5）校企双方发挥学校教师专业教学能力和企业技术人员工作实践能力各自优势，通过推动教师开展企业工作实践，聘请企业技术人员为兼职教师等方式，组建涵盖学校专业教师和企业兼职教师的教师团队，共组师资队伍。

（6）校企以工学一体化学习工作站和校内外实训基地为基础，共同规划建设兼具实践教学功能和生产服务功能的大师工作室，集校园文化与企业文化、学习过程与工作过程为一体的校内外学习环境，创建产教深度融合的产业学院等，共建实习基地。

（7）校企基于工学一体化学习工作站、校内外实训基地等学习环境，参照企业管理机制，组建校企管理队伍，明确校企双方责任与权利，推进人才培养全过程校企协同管理，共搭管理平台。

（8）校企根据本层级技能人才培养目标、国家职业标准和企业用人需求，共同构建人才培养质量评价体系，共同制定评价标准，共同实施学生职业能力、职业素养和职业技能等级评价，共评培养质量。

基于上述机制，校企双方共同推进本专业高级技能层级人才综合职业能力培养，科学设计培养目标、培养过程、评价体系，并实施对学生相应通用能力、职业素养和思政素养的培养。

3. 预备技师（技师）层级

预备技师（技师）层级人才培养宜实行"企业为主、学校为辅"的校企合作运行机制。

根据本层级技能人才培养目标，依据本行业相关法律法规以及产品生产、经营相关规范，通过推进以下八个维度的校企合作，实现工学一体化技能人才培养模式落地，使学生具备编写施工方案，设计与优化智能楼宇系统，项目管理，独立分析与解决复杂性、关键性和创新性问题，知识迁移等专业能力。

（1）校企围绕本层级技能人才培养目标，结合本层级课程设置方案，研讨协同育人的方法、路径，共同制订本层级技能人才培养方案，共创培养模式。

（2）校企发挥各自优势，按照人才培养目标，以初中、高中、中职学校生源为主，制订招生招工计划，通过开设校企双制班、企业订单班等措施，共同招生招工。

（3）校企对接本领域行业协会和标杆企业，紧跟行业发展趋势、技术更新趋势和生产方式变革趋势，紧扣企业岗位能力最新要求，以企业为主，共同制订专业建设方案，共同推进专业优化调整，共商专业规划。

（4）校企围绕就业和职业特征，结合本地本校办学条件和学情，推进本专业工学一体化课程标准向校级课程标准的转化，进行学习任务二次设计、教学资源开发，并根据岗位能力要求和工作过程推进企业培训课程开发，共议课程开发。

（5）校企双方发挥学校教师专业教学能力和企业技术人员工作实践能力各自优势，推动教师开展企业工作实践，通过聘用校外人员等方式，组建涵盖学校专业教师、企业培训师、实践专家、企业技术人员的教师团队，共组师资队伍。

（6）校企以校外实训基地、校内生产性实训基地、产业学院等为主要学习环境，以完成企业真实工作任务为学习载体，以地方品牌企业实践场所为工作环境，共建实习基地。

（7）校企基于校内外实训基地等学习环境，学校参照企业管理机制，企业参照学校教学管理机制，组建校企管理队伍，明确校企双方的责任与权利，推进人才培养全过程校企协同管理，共搭管理平台。

（8）校企根据本层级技能人才培养目标、国家职业标准和企业用人需求，共同构建人才培养质量评价体系，共同制定评价标准，共同实施学生综合职业能力、职业素养和职业技能等级评价，共评培养质量。

基于上述机制，校企双方共同推进本专业预备技师（技师）层级人才综合职业能力培养，科学设计培养目标、培养过程、评价体系，并实施对学生相应通用能力、职业素养和思政素养的培养。

四、课程安排

使用单位应根据人力资源社会保障部颁布的《楼宇自动控制设备安装与维护专业国家技能人才培养工学一体化课程设置方案》开设本专业课程。本课程安排只列出工学一体化课程及建议学时，使用单位可依据院校学习年限和教学安排确定具体学时分配。

（一）中级技能层级工学一体化课程表（初中起点三年）

序号	课程名称	基准学时	学时分配					
			第1学期	第2学期	第3学期	第4学期	第5学期	第6学期
1	楼宇系统运行值机与维护	144	144					
2	管线敷设与测试	144		144				
3	网络通信设备安装与调试	108			108			
4	火灾报警及消防联动系统安装与调试	108				108		
5	安全防范系统安装与调试	144			144			
6	音视频系统安装与调试	108				108		
7	建筑设备监控系统安装	216					216	

（二）高级技能层级工学一体化课程表（高中起点三年）

序号	课程名称	基准学时	学时分配					
			第1学期	第2学期	第3学期	第4学期	第5学期	第6学期
1	楼宇系统运行值机与维护	72	72					
2	管线敷设与测试	90	90					
3	网络通信设备安装与调试	72		72				
4	火灾报警及消防联动系统安装与调试	72			72			
5	安全防范系统安装与调试	72		72				

序号	课程名称	基准学时	学时分配					
			第1学期	第2学期	第3学期	第4学期	第5学期	第6学期
6	音视频系统安装与调试	72			72			
7	建筑设备监控系统安装	144		72	72			
8	网络通信系统配置与维护	108				108		
9	火灾报警及消防联动系统检测与维护	72					72	
10	安全防范系统检测与故障处理	108				108		
11	会议广播系统测试与检修	72					72	
12	建筑设备监控系统检测与维护	180				72	108	
13	建筑设备监控系统编程调试	108					108	

（三）高级技能层级工学一体化课程表（初中起点五年）

序号	课程名称	基准学时	学时分配									
			第1学期	第2学期	第3学期	第4学期	第5学期	第6学期	第7学期	第8学期	第9学期	第10学期
1	楼宇系统运行值机与维护	144	144									
2	管线敷设与测试	144		144								
3	网络通信设备安装与调试	108			108							
4	火灾报警及消防联动系统安装与调试	108					108					
5	安全防范系统安装与调试	144				144						
6	音视频系统安装与调试	108					108					
7	建筑设备监控系统安装	216					216					
8	网络通信系统配置与维护	180							180			
9	火灾报警及消防联动系统检测与维护	108								108		
10	安全防范系统检测与故障处理	180							108	72		

序号	课程名称	基准学时	学时分配									
			第1学期	第2学期	第3学期	第4学期	第5学期	第6学期	第7学期	第8学期	第9学期	第10学期
11	会议广播系统测试与检修	108									108	
12	建筑设备监控系统检测与维护	180							90	90		
13	建筑设备监控系统编程调试	216								108	108	

（四）预备技师（技师）层级工学一体化课程表（高中起点四年）

序号	课程名称	基准学时	学时分配							
			第1学期	第2学期	第3学期	第4学期	第5学期	第6学期	第7学期	第8学期
1	楼宇系统运行值机与维护	72	72							
2	管线敷设与测试	90	90							
3	网络通信设备安装与调试	72		72						
4	火灾报警及消防联动系统安装与调试	72			72					
5	安全防范系统安装与调试	72		72						
6	音视频系统安装与调试	72			72					
7	建筑设备监控系统安装	144		72	72					
8	网络通信系统配置与维护	108				108				
9	火灾报警及消防联动系统检测与维护	72					72			
10	安全防范系统检测与故障处理	108				108				
11	会议广播系统测试与检修	72					72			
12	建筑设备监控系统检测与维护	180				72	108			
13	建筑设备监控系统编程调试	108					108			
14	网络通信系统设计与构建	216						216		
15	火灾报警及消防联动系统设计	108								108
16	安全防范系统设计	216						216		
17	建筑设备监控系统设计与实施	216							216	
18	楼宇技术指导与培训	108								108

（五）预备技师（技师）层级工学一体化课程表（初中起点六年）

序号	课程名称	基准学时	学时分配												
			第1学期	第2学期	第3学期	第4学期	第5学期	第6学期	第7学期	第8学期	第9学期	第10学期	第11学期	第12学期
1	楼宇系统运行值机与维护	144	144											
2	管线敷设与测试	144		144										
3	网络通信设备安装与调试	108			108									
4	火灾报警及消防联动系统安装与调试	108				108								
5	安全防范系统安装与调试	144			144									
6	音视频系统安装与调试	108				108								
7	建筑设备监控系统安装	216					216							
8	网络通信系统配置与维护	180							180					
9	火灾报警及消防联动系统检测与维护	108								108				
10	安全防范系统检测与故障处理	180							108	72				
11	会议广播系统测试与检修	108									108			
12	建筑设备监控系统检测与维护	180							90	90				
13	建筑设备监控系统编程调试	216								108	108			
14	网络通信系统设计与构建	216										216		
15	火灾报警及消防联动系统设计	108											108	
16	安全防范系统设计	216										216		
17	建筑设备监控系统设计与实施	216											216	
18	楼宇技术指导与培训	108											108	

五、课程标准

（一）楼宇系统运行值机与维护课程标准

工学一体化课程名称	楼宇系统运行值机与维护	基准学时	144[①]
典型工作任务描述			

楼宇系统运行值机与维护是指为了使投入使用的楼宇系统达到功能目标而进行的操作值守，以及为了保障楼宇系统有效运行而进行的巡检、保养工作。在楼宇系统运行过程中，值班人员需要进行值机，依照系统运行管理制度，对楼宇安全防范系统、建筑设备监控系统、火灾报警及消防联动系统进行实时监视，报告、记录运行情况，保存和查询有关记录。当发生突发事件时，及时向上级主管报告。为了保证楼宇系统的正常运行，防止系统性能劣化，降低系统失效的概率，值班人员需要按照设备保养计划和维护守则的要求定期进行系统维护。

楼宇系统运行值机与维护工作一般由楼宇值班人员完成。在上岗前经过针对性培训后，值班人员根据运行手册和操作手册进行操作、监控并处理系统运行中的问题。具体流程如下：

1. 从物业主管处领取任务单，查阅及核对楼宇系统图、系统验收资料、系统设备设施台账，以及系统设备的操作手册、说明书、维护保养手册、运行记录单等文件资料。

2. 按照值班管理制度，结合设备使用情况，确定值班工作流程。

3. 根据值班工作流程，进行实时查询、监视、报告、记录和保存。

4. 定期清理软件运行环境，备份运行数据，确保软件安全稳定运行。

5. 按照设备日常维护保养规程，正确选用工具，安全规范地核查系统设备和管道，完成运行巡检和系统设备维护保养等操作。

6. 当发生突发事件时，及时上报处理。当系统发生故障时，及时报修，并配合维修部门完成故障维修。

7. 在结束值机与维护任务后，填写值机记录单、系统运行记录单和故障处理记录单等表单，并检查系统运行日志，完成工作交接。

工作过程中，值班人员应严格遵守现场工作管理规范，执行有关法律、法规、标准及规范，如《中华人民共和国消防法》《建筑智能化系统运行维护技术规范》（JGJ/T 417—2017）、《建筑消防设施的维护管理》（GB 25201—2010）、《建筑物防雷工程施工与质量验收规范》（GB 50601—2010）、《智能建筑工程质量验收规范》（GB 50339—2013）、《民用建筑电气设计标准》（GB 51348—2019）、《建筑电气工程施工质量验收规范》（GB 50303—2015）等，遵守"7S"管理制度、监控室值机人员管理制度、安全操作规程等，具备规范意识、标准意识、严谨意识、安全意识，恪守从业人员的职业道德。

---

① 此基准学时为初中生源学时，下同。

工作内容分析

工作对象：	工具、材料、设备与资料：	工作要求：

工作对象：

1. 任务单的领取和阅读，值机和现场设备巡检规范的确定。

2. 值班工作流程的确定，工具、设备的选用，技术资料的核对。

3. 楼宇系统的值机、维护、巡检及现场核查。

4. 突发事件的应急处理，系统异常的上报及配合维修。

5. 值班记录单的填写，工作的交接，现场的清理，工具、设备的归还，资料的归档。

工具、材料、设备与资料：

1. 工具

螺钉旋具、斜口钳、剥线钳、压线钳、打线器、电烙铁、照明工具、记录笔、试电笔等。

万用表、钳形电流表、兆欧表、接地电阻测试仪、网络测试仪等仪器仪表。

2. 材料

润滑油、绝缘胶布、扎带、清洗除锈器、各种线缆。

3. 设备

各系统设备、对讲机、值班电话等。

4. 资料

值机记录单、交接班记录单、系统运行记录单、系统运行故障处理记录单、系统操作说明书、设备说明书、安全操作规程、设备维护保养手册、应急预案、有关标准及技术规范等。

工作方法：

1. 专业沟通方法（谈话法、案例分析法）

2. 关键信息提取法

3. 资料分析方法（值机规程、巡检计划等文件的查阅和识读）

4. 思维导图分析法（分析巡检工作要点和设备维修保养方法）

5. 楼宇系统设备操作方法

6. 常用工具使用方法

7. 设备清洁保养法（除尘、润滑、测试、更换、性能检测）

8. 记录单填写方法（工作日志法）

9. 突发事件处理方法

10. 交接班方法

11. 资料归类整理法（根据企业要求整理文件并归档）

劳动组织方式：

1. 领取任务单。

工作要求：

1. 与物业主管有效沟通，准确理解工作内容及工作要求。

2. 值班工作流程有效、可实施。

3. 规范使用工具、设备，认真准确核对技术资料。按照操作规程完成清洁、润滑、测试、更换等维护操作。根据运行管理制度监视系统运行状态，正确核查楼宇系统设备、管道及配套设施。

4. 上报、处理突发事件及时、准确，报警事件描述规范。故障发现及时，故障现象描述规范，与维修部门配合到位。

5. 各类记录单完整、规范。

6. 严格执行有关标准、规范，遵守企业相关制度规定，恪守职业道德。

2. 熟悉系统设备。 3. 选择并领取设备、工具、材料、资料。 4. 独立或合作完成日常巡检、值机任务。 5. 与相关人员合作，完成突发事件的应急处理与及时上报，向维修部门通报故障情况，配合维修部门完成维修工作。 6. 独立或合作完成系统设备定期维护保养。 7. 独立填写值班记录单，顺利交接，归还工具、设备，将资料归档。	

课程目标

学习完本课程后，学生应当能胜任安全防范系统值机与维护、建筑设备监控系统值机与维护、火灾报警及消防联动系统值机与维护等工作，应具备相应的通用能力、职业素养和思政素养。具体包括：

1. 能识读任务单，与主管有效沟通，准确获取系统设备信息，解读与分析任务单，查阅系统运行管理的技术文件与相关标准，明确工作内容及工作要求，具有良好的理解与表达能力、信息检索能力。

2. 能完成现场核查，准备运行管理技术资料、运行管理工具，确认运行管理目标，具备交往与合作能力、理解与表达能力、自主学习能力。

3. 能按照值班工作流程及要求，完成系统监视、记录和查询等操作，具有严谨细致的工作态度，具有服务意识、时间意识和爱岗敬业的职业精神。

4. 能按照设备日常维护保养规程，正确选用工具，严格遵守作业规范，完成系统设备检测、调校等操作，具有服务意识、时间意识和爱岗敬业的职业精神。

5. 能够按照应急处理预案，及时、准确地上报、处理突发事件，具有责任意识。

6. 能准确报修系统设备故障，积极配合维修部门完成维修。维修结束后，测试或验证维修结果或效果，具有安全意识、质量意识。

7. 能够完整、准确、规范地填写值机记录单、应急处理记录单、故障处理记录单等各类表单，能严格遵守"7S"管理制度、监控室值机人员管理制度、安全操作规程等，具备交往与合作能力，具有规范意识。

学习内容

本课程主要学习内容包括：

一、任务解读与岗位认知

1. 实践知识

（1）楼宇系统运行值机与维护岗位的认知。

（2）值机巡检任务单的识读。

（3）监控室值机人员管理制度的阅读。

（4）安全标志的认知。

2. 理论知识

（1）智能建筑的基础知识：智能建筑的概念、组成、功能、特点、相关技术、发展现状和国内外发展趋势。

（2）楼宇智能化管理的基础知识：楼宇智能化管理的概念、重要性、内容、措施，以及国内外楼宇智能化管理的动态和发展趋势。

（3）楼宇系统运行管理制度的内容。

（4）值机巡检安全操作规程和设备维护保养规程的内容。

二、值班巡检计划的制订

1. 实践知识

（1）楼宇系统各设备的识别。

（2）楼宇系统的操作。

（3）楼宇系统运行记录的查阅。

（4）楼宇系统检查记录的查阅。

（5）楼宇系统故障处理记录的查阅。

（6）楼宇系统设备说明书的查阅。

（7）值班巡检计划的编写。

2. 理论知识

（1）楼宇系统的基础知识：楼宇系统的概念、组成、作用、关键技术，楼宇系统集成技术的发展现状和发展趋势等。

（2）楼宇系统常用设备的功能、特点、使用方法。

（3）日常值机、巡检的内容。

（4）楼宇系统管理平台的内容及安全操作规程。

（5）消防安全知识。

（6）楼宇系统设备说明书、相关图纸的内容。

三、楼宇系统运行值机与维护的实施

1. 实践知识

（1）对讲机、值班电话的使用。

（2）安全防护用品的穿戴。

（3）楼宇系统管理平台的操作。

（4）楼宇系统运行值机：实时监视、报告、记录、保存记录和查询。

（5）楼宇系统维护：巡检、清洁、润滑、测试、更换等。

（6）安全防护用品的使用。

（7）螺钉旋具、斜口钳、剥线钳等通用电工工具的使用，万用表、钳形电流表、兆欧表、接地电阻测试仪等仪器仪表的使用。

2. 理论知识

（1）楼宇系统设备的物理状态检查、环境检查、电气检查、性能检查的内容。

（2）系统设备维护保养的内容、要求。

（3）楼宇电气基础知识：楼宇电气控制知识、供配电基础知识。

（4）安全用电基础知识：接地、防雷、安全用电。

四、应急处理及系统异常上报

1. 实践知识

（1）突发事件的处理：执行应急预案，上报及详细记录。

（2）系统故障的处理：记录系统故障现象，配合完成检修；系统自检及试运行正常后，记录故障处理结果。

（3）安全防范系统设备（如数字视频录像机、视频矩阵、显示器、球型与枪型摄像机、门禁电源、门禁控制器、读卡器、自动出卡机等）的功能检测。

（4）建筑设备监控系统设备（如电流变送器、电压变送器、光照度传感器、红外探测器、声控开关、温湿度传感器、水温传感器、压差开关、压力传感器、流量传感器、水流开关等）的功能检测。

（5）火灾报警及消防联动系统设备（如感温火灾探测器、感烟火灾探测器、火灾显示盘、火灾报警控制器等）的功能检测。

（6）系统运行记录单的规范填写。

2. 理论知识

（1）楼宇系统应急处理的程序。

（2）应急预案的概念及内容。

（3）楼宇系统（包括楼宇安全防范系统、建筑设备监控系统、火灾报警及消防联动系统等）常见异常运行现象及处置流程。

（4）系统运行记录单的内容。

五、值班记录单填写与现场清理

1. 实践知识

（1）值班记录单、交接班记录单的规范填写。

（2）现场的清理、设备的清点、工具的归还、资料的归档。

2. 理论知识

（1）工作交接的内容及要点。

（2）值班记录单、交接班记录单的组成及内容。

（3）"7S"管理制度的内容和工作要求。

六、通用能力、职业素养和思政素养

自主学习、自我管理、信息检索、理解与表达、交往与合作、创新思维、解决问题等通用能力，安全意识、质量意识、规范意识、效率意识、成本意识、环保意识、市场意识、服务意识等职业素养，以及劳模精神、劳动精神、工匠精神等思政素养。

参考性学习任务

序号	名称	学习任务描述	参考学时
1	安全防范系统值机与维护	某智能大厦安全防范系统的日常值机与维护工作由值班人员完成。值班人员需要按照现场作业规范与值机制度，对入侵报警和紧急报警系统、视频监控系统、出入口控制系统、停车库（场）安全管理系统进行日常值机，现场核查系统设备、管道等，完成系统设备巡检和维护保养。 学生作为值班人员，完成以下操作： （1）领取任务单，以合作的形式，根据楼宇系统运行值机管理制度，完成入侵报警和紧急报警系统、视频监控系统、出入口控制系统、停车库（场）安全管理系统的运行巡检。 （2）根据设备运行维护规程，完成设备的日常维护保养工作。 （3）值机过程中，通过监控或现场巡视，发现电梯中有人员被困，按照应急处理预案进行处理，并将有关情况详细记录在值班表中。 （4）在系统运行过程中发现故障，应查找故障并上报教师，配合组长完成系统的故障检修。 （5）在确认系统运行正常后，记录故障处理结果并提交教师审核验收。 （6）交接班时，检查各系统运行正常后，与组员填写交接班记录单并签字确认。 在任务实施过程中，学生应严格执行"7S"管理制度、监控室值机人员管理制度、安全操作规程等规定，严格按照相关标准进行操作。学生应养成积极的工作态度，具备简单信息检索能力、有效沟通能力，培养安全规范意识、质量意识、服务意识、爱岗敬业的职业精神等。	56
2	建筑设备监控系统值机与维护	某智能大厦建筑设备监控系统的日常值机与维护工作由值班人员完成。值班人员需要按照现场作业规范与值机制度，对照明监控系统、暖通空调监控系统、给水排水监控系统、供配电监控系统进行日常值机，现场核查系统前端设备、管道等，完成系统设备巡检和维护保养。 学生作为值班人员，完成以下操作： （1）领取任务单，根据楼宇系统运行值机管理制度，完成照明监控系统、暖通空调监控系统、给水排水监控系统、供配电监控系统的运行巡检。 （2）根据设备运行维护规程，完成设备的日常维护保养工作。	56

| 2 | 建筑设备监控系统值机与维护 | （3）值机过程中，通过监控或现场巡视，发现突发性水浸，按照应急处理预案进行处理，并将有关情况详细记录在值班表中。

（4）在系统运行过程中发现故障，应查找故障并上报教师，配合组长完成系统的故障检修。

（5）在确认系统运行正常后，记录故障处理结果并提交教师审核验收。

（6）交接班时，检查各系统运行正常后，与组员填写交接班记录单并签字确认。

在任务实施过程中，学生应严格执行"7S"管理制度、监控室值机人员管理制度、安全操作规程等规定，严格按照相关标准进行操作。学生应养成积极的工作态度，具备简单信息检索能力、有效沟通能力，培养安全规范意识、质量意识、服务意识、爱岗敬业的职业精神等。 | |
| 3 | 火灾报警及消防联动系统值机与维护 | 某智能大厦火灾报警及消防联动系统的日常值机与维护工作由物业工程部完成。工作人员需要按照现场作业规范，对火灾报警系统、防烟排烟系统、防火分隔设施、消防灭火系统进行日常值机，现场核查系统前端设备、管道等，完成系统设备巡检和维护保养。

学生作为物业工作人员，完成以下操作：

（1）领取任务单，根据楼宇系统运行值机管理制度，完成火灾报警系统、防烟排烟系统、防火分隔设施、消防灭火系统的运行巡检。

（2）根据设备运行维护规程，完成设备的日常维护保养工作。

（3）值机过程中，通过监控或现场巡视，发现高位消防水箱、消防水池、气压水罐等消防储水设施水量不充足等紧急情况，按照应急处理预案进行处理，并将有关情况详细记录在值班表中。

（4）在系统运行过程中发现故障，应查找故障并上报教师，配合组长完成系统的故障检修。

（5）在确认系统运行正常后，记录故障处理结果并提交教师审核验收。

（6）交接班时，检查各系统运行正常后，与组员填写交接班记录单并签字确认。

在任务实施过程中，学生应严格执行"7S"管理制度、监控室值机人员管理制度、安全操作规程等规定，严格按照相关标准进行操作。学生应养成积极的工作态度，具备简单信息检索能力、有效沟通能力，培养安全规范意识、质量意识、服务意识、爱岗敬业的职业精神等。 | 32 |

教学实施建议

1. 师资

授课教师应具备楼宇系统运行值机与维护的实践经验，并能够独立或合作完成相关工学一体化课程教学设计与实施、工学一体化课程教学资源的选择与应用。

2. 教学组织方式方法

采用行动导向的教学方法。为确保教学安全，增强教学效果，建议采用分组教学的方式（4~6 人 /组），参与教学的班级人数不超过 35 人。在学生完成工作任务的过程中，教师须加强示范与指导，注重学生职业素养和规范操作习惯的培养。

教师在讲授或演示教学中，应借助多媒体教学设备，配备丰富的多媒体课件和相关教学辅助设备。

3. 工具、材料与设备

（1）工具

螺钉旋具、斜口钳、剥线钳、压线钳、打线器、电烙铁、照明工具、记录笔、试电笔和相关仪器仪表等。

（2）材料

润滑油、绝缘胶布、扎带、清洗除锈器、各种线缆。

（3）设备

各系统设备、对讲机、值班电话等。

4. 教学资源

（1）教学场地

楼宇系统运行值机与维护工学一体化学习工作站须具备良好的安全、照明和通风条件，可分为集中教学区、分组教学区、信息检索区、工具存放区、材料存放区和成果展示区，并配备相应的多媒体教学设备，面积以至少能同时容纳 35 人开展教学活动为宜。

（2）教学资料

以工作页为主，配备相关信息页、图纸、日常操作记录单、交接班记录单、系统运行记录单、设备维护保养手册、设备说明书、有关标准及技术规范等。

5. 教学管理制度

执行工学一体化教学场所的管理规定。如需要进行校外认识实习和岗位实习，应严格遵守生产性实训基地管理制度、企业实习管理制度等。

教学考核要求

采用过程性考核与终结性考核相结合的形式。

1. 过程性考核

采用自我评价、小组评价和教师评价相结合的方式进行考核，让学生学会自我评价。教师要观察学生的学习过程，结合学生的自我评价、小组评价进行总评，并提出改进建议。

（1）课堂考核

考核出勤、学习态度、课堂纪律、小组合作与展示等情况。

（2）作业考核

考核工作页的完成、成果展示、课后练习等情况。

（3）阶段考核

书面测试、实操测试、口述测试。

2. 终结性考核

应围绕本课程目标，结合课程终结性考核要点，选择企业真实工作任务或设计学习任务进行终结性考核。

学生应根据任务要求，查找相关标准和企业操作规程，明确值班巡检工作流程，领取设备、工具、材料、资料；按照工作流程和工艺要求，在规定时间内完成楼宇系统的值班和巡检。作业结果应符合《智能建筑工程质量验收规范》（GB 50339—2013）中的验收标准。

考核任务案例：模拟楼宇系统运行值机与维护

【情境描述】

某智能大厦的楼宇系统需要进行日常值机与维护，该工作任务由物业工程部完成，需要按照现场作业规范，完成楼宇系统的运行情况巡检，填写运行值机记录单，进行楼宇系统日常维护工作。如遇到运行异常情况，应根据楼宇系统异常情况处理流程，上报相关部门，并跟踪异常情况处理进度，填写异常情况记录单。遇到突发情况时，应按照应急处理预案进行处理。最后按照企业相关管理规定，完成运行值机记录单、异常情况记录单、应急处理记录单等自检后将其上传至企业管理平台。

【任务要求】

对照《建筑智能化系统运行维护技术规范》（JGJ/T 417—2017）、《建筑消防设施的维护管理》（GB 25201—2010）、《建筑物防雷工程施工与质量验收规范》（GB 50601—2010）、《智能建筑工程质量验收规范》（GB 50339—2013）等相关规范，按照客户要求，在两天时间内完成本项目中楼宇系统（包括消防系统、安全防范系统、楼宇控制系统）值机与维护任务，本任务将产生以下结果：

1. 根据情境描述与任务要求，列出与组长沟通的要点，明确工作任务与要求。

2. 查阅相关标准等资料，识读项目施工图，写出工作流程。

3. 按照工作流程，完成楼宇系统值机与维护，并填写工作记录单。

4. 总结本次工作中遇到的问题，思考解决方法。

【参考资料】

完成上述任务时，可以使用常见的教学资料，如工作页、信息页、个人笔记、有关标准及规范、值机管理制度、安全操作规程、设备说明书等。

（二）管线敷设与测试课程标准

工学一体化课程名称	管线敷设与测试	基准学时	144

典型工作任务描述

管线敷设与测试是楼宇设备安装的基础和前提。按有关规定，在设备进场前，楼宇系统的所有线缆必须穿管或槽保护，以便隐藏所有的线缆，这样既美观安全又可以保护线缆。同时，强弱电线路必须分开敷设，管槽按有关规定应使用金属镀锌或阻燃材料。

施工人员应按照施工图，完成 PVC 管槽、镀锌管槽、信号线、配电线等的敷设与测试。施工操作符合标准、规程和工艺规范，敷设完成后采用专用工具进行测试，达到所需的技术要求，合格后交付验收。具体流程如下：

1. 从项目经理处领取任务单，根据客户和现场技术人员提出的要求，查阅相关技术手册及标准。

2. 依据施工图、任务要求及工艺要求，在现场技术人员的指导下进行施工现场勘查，制订管线敷设与测试施工方案。

3. 正确选择管线敷设的工具，确定所需的管线材质，完成工具、材料进场验收。

4. 根据施工方案，在施工现场进行测量和定位，以及布线前的线缆绝缘电阻测试、校线及相位核对等准备工作，严格按照安装标准及安全规程，以合作方式完成管线敷设任务。完成后做好管线标识和编号，并进行质量检验及测试。

5. 在施工过程中，如发现实际安装环境等与施工图不符的情况，及时上报现场技术人员，修改施工方案，调整安装位置。

6. 管线自检合格后交付现场技术人员验收，及时进行施工现场的清理、设备和工具的维护保养、竣工报告的填写等工作。

工作过程中，施工人员应严格执行有关标准，包括《综合布线系统工程设计规范》（GB 50311—2016）、《智能建筑工程质量验收规范》（GB 50339—2013）、《电气装置安装工程　电缆线路施工及验收标准》（GB 50168—2018）、《建筑电气工程施工质量验收规范》（GB 50303—2015）、《电缆的导体》（GB/T 3956—2008）等，遵守"7S"管理制度，清理现场，归置物品，将资料归档，并遵守安全生产制度、文明施工制度等规定，遵守电气安全操作规程，恪守从业人员的职业道德。

工作内容分析

工作对象：	工具、材料、设备与资料：	工作要求：
1. 任务单的领取和阅读，工具、管线材料的确认，敷设方法、工艺要求的确定，工作计划的制订。 2. 现场勘查工具、材料及设备的准备及进场检验。	1. 工具 测量定位工具（如水平仪、尺杆、角尺、线坠等）、锤子、錾子、半圆锉、弯管弹簧、剪管器、管子割刀、冲击钻、手电钻、电烙铁、热风机、开孔器、剥线钳、尖嘴钳、打线钳、压线钳、螺钉旋具、引线器、寻线器、光纤熔接机、钢丝钳、梯子及其他电工常用工具等。 万用表、钳形电流表、兆欧表、接地电阻测试仪等仪器仪表。	1. 与项目经理有效沟通，准确理解工作内容、工作要求、完成时间及交付要求，工作计划有效可实施。 2. 全面认知现场，正确选择所需设备、工具及材料，施工用的线缆、管道的规格、型号、数量、质量等进场时应抽样检测，并需具备出厂检验合格证，

3. 管线敷设位置的确定。 4. PVC 管槽的敷设、镀锌管槽的敷设、信号线的敷设、配电线的敷设及标识。 5. 信号线的测试、配电线的测试。 6. 施工质量的自检、竣工报告的填写。 7. 现场的清理,工具、设备的归还,资料的归档。	2. 材料 PVC 线管、PVC 线槽、软管接头、接线盒、镀锌线管、镀锌线槽、连接弯头、螺纹接头、接线盒、中间连接器、膨胀螺栓、视频线、水晶头、DC 电源线、光纤、BV 线、镀锌铁丝或钢丝、螺旋接线钮、LC 型压线帽、套管、接线端子、焊锡丝、焊剂、开关、插座、日光灯套件、绝缘胶布等。 3. 资料 任务单、施工图、《低压配电设计规范》(GB 50054—2011)、《电气装置安装工程 电缆线路施工及验收标准》(GB 50168—2018)、《建筑电气工程施工质量验收规范》(GB 50303—2015)。 **工作方法:** 1. 专业沟通方法(项目沟通管理计划法、项目组织协调制度法) 2. 关键词检索法(包括工作内容、工作要求、完成时间及交付要求等) 3. 施工现场勘查法(测距法、极坐标定位法、中线定位法等) 4. 线缆抽样通电检测法 5. 甘特图法 6. PVC 管槽、镀锌管槽敷设方法(明敷法、暗敷法) 7. 线缆敷设方法(明敷法、暗敷法) 8. 线缆固定绑扎方法(扎带法、魔术贴法) 9. UL969 标记法 10. 系统管线质量测试法(目视检查法、仪表检测法、模拟运行法) **劳动组织方式:** 1. 领取任务单。 2. 勘查现场。 3. 选择并领取设备、工具、材料、资料。 4. 有效沟通,确定安装位置。 5. 以独立或合作方式完成管线敷设与测试。 6. 自检合格后交付质检人员验收。 7. 归还工具,将资料归档。	技术参数符合设计规定和项目要求。 3. 敷设位置与图纸标识一致,并符合现场要求。 4. 按任务单、设备说明书、施工方案的要求,规范完成管线敷设任务,标识清晰规范。在敷设过程中与相关人员进行有效沟通。 5. 管线检查测试结果符合任务单及系统设计技术要求,测试工具操作方法规范,在测试过程中与相关人员进行有效沟通。 6. 严格按照工程质量检验评定的有关标准逐项检查质量,进行管线敷设质量自检,自检符合《低压配电设计规范》(GB 50054—2011)、《建筑电气工程施工质量验收规范》(GB 50303—2015)及相关规范,竣工报告填写准确、系统、规范。 7. 遵守"7S"管理制度,工具、资料核查准确,归还手续齐全,资料按照企业相关管理制度归档。恪守职业道德。

课程目标

学习完本课程后，学生应当能胜任管线敷设与测试工作，包括 PVC 管槽敷设、镀锌管槽敷设、信号线敷设与测试、配电线敷设与测试等工作；应具备相应的通用能力、职业素养和思政素养。具体包括：

1. 能阅读管线敷设与测试任务单，分析施工图，准确获取任务单的工作内容、工作要求、完成时间及交付要求，具备良好的理解与表达能力、信息提取能力。

2. 能在教师的指导下，根据施工图进行现场勘查，明确管线位置、距离、数量等信息，制订管线敷设施工方案，确保工作流程有效可行，具有时间意识、质量意识，能够诚实守信。

3. 能根据施工材料清单，正确识别敷设的管线，正确选择和使用安装、测试的工具；依据有关标准和项目要求，对照施工材料清单，检验线缆、管道的规格、型号、数量、质量，完成工具材料进场验收；具备自主学习能力、自我管理能力、团队合作能力，具有审美素养。

4. 能够按照施工方案，在教师的指导下，采用必要的安全标志和防护措施，严格遵守管线敷设安全操作规范，以小组合作方式进行管线敷设；具备交往与合作能力，具有环保意识、安全意识。

5. 能正确使用工具，严格按照施工图、标准的要求对管槽位置、连接点、导管弯曲半径以及电线导通性、绝缘性等进行检查和测试，确保导管排列整齐，固定点间距均匀，安装牢固可靠；在测试过程中对测试结果进行记录，记录准确、规范；具备交往与合作能力，具有质量意识、效率意识及劳动精神。

6. 能依据有关标准完成管线敷设的自检验收，质量符合《建筑电气工程施工质量验收规范》（GB 50303—2015）等相关标准；完成竣工报告的填写；具有精益求精的工匠精神，具有规范意识、质量意识。

学习内容

本课程主要学习内容包括：

一、任务解读

1. 实践知识

（1）安全防护用品的使用。

（2）线缆（如电源线、信号线等）的识别、选用。

（3）通用电工工具（如螺钉旋具、斜口钳、剥线钳、电锤、电钻等）、仪器仪表（如万用表、钳形电流表、兆欧表、接地电阻测试仪、寻线器等）的正确使用。

（4）任务单的识读。

（5）施工安全操作制度的识读。

（6）施工方案的制订。

2. 理论知识

（1）管线的符号和标识。

（2）管槽（如 PVC 管槽、镀锌管槽等）的种类和用途。

（3）系统信号传输的概念和介质。

（4）线缆（如信号线、配电线等）的种类和用途。

（5）施工图的内容。

二、勘查施工现场

1. 实践知识

（1）场地的勘查。

（2）测量定位工具（如水平仪、尺杆、角尺、线坠等）的使用。

（3）所用线缆、管道的规格、型号、数量、质量等的选择和检验。

（4）管线敷设、测试工具的准备。

（5）《综合布线系统工程验收规范》（GB/T 50312—2016）的查阅。

（6）任务单的识读，工具、设备说明书的识读，相关图纸的识读（六步法）。

2. 理论知识

（1）直角坐标法。

（2）极坐标定位法。

三、管线敷设位置的确定

1. 实践知识

（1）管线敷设要求的查阅。

（2）管线敷设方法的选择。

（3）管线敷设位置的测量、确定。

2. 理论知识

（1）电气安装施工规范、作业现场安全注意事项。

（2）管槽结构、规格、用途等。

（3）管槽配件种类、安装方式、规格等。

（4）线缆的结构、分类、材质、用途、附件等。

（5）甘特图的设计。

（6）管线敷设的相关标准、工艺要求，《综合布线系统工程验收规范》（GB/T 50312—2016）第 4 章的内容。

四、管线敷设

1. 实践知识

（1）PVC 管槽敷设方法的选择、PVC 线槽的加工及敷设。

（2）镀锌管槽敷设方法的选择、镀锌线管及桥架的制作、镀锌线管的敷设。

（3）信号线的选择、信号线端口的制作及信号线敷设。

（4）配电线的选择及敷设（横平竖直法）。

（5）线路的通断测试。

（6）线缆永久标识的制作。

2. 理论知识

（1）PVC 管槽的敷设方法、工艺要求。

（2）镀锌管槽的敷设方法、工艺要求。

（3）信号线的分类、用途、敷设方法。

（4）配电线的分类、用途、敷设方法。

（5）施工常用专用工具（如钢锯、半圆锉、活扳手、剪管器、电钻、热风机、开孔器、弯管弹簧等）的分类、原理、用途。

（6）标识系统的组成（包括打印设备标识、线缆标识、配线架标识、面板标识、设备管理标识等）。

（7）管线敷设的相关标准和工艺要求，《综合布线系统工程设计规范》（GB 50311—2016）第 6、7、8、9 章的内容。

五、管线敷设质量检验与评估

1. 实践知识

（1）管线敷设质量的自检、管线敷设与测试结果的验收（运用目视检查法、仪器检测法、模拟运行法）。

（2）记录单的填写（运用工作日志法）。

（3）资料的归类整理（根据企业要求整理文件）。

（4）工作日志的填写。

（5）设备的清点、归还，现场的清理。

（6）资料的整理、归档。

2. 理论知识

（1）管线敷设项目的验收标准、工艺规范。

（2）管线敷设项目的验收流程。

（3）信号线、配电线的布线工艺要求。

（4）信号线接头的分类、用途。

（5）《综合布线系统工程设计规范》（GB 50311—2016）第 3 章的内容。

（6）竣工报告的内容。

六、通用能力、职业素养和思政素养

自主学习、自我管理、信息检索、理解与表达、交往与合作、创新思维、解决问题等通用能力，安全意识、质量意识、规范意识、效率意识、成本意识、环保意识、市场意识、服务意识等职业素养，以及劳模精神、劳动精神、工匠精神等思政素养。

参考性学习任务

序号	名称	学习任务描述	参考学时
1	PVC 管槽敷设	某施工队承接了某商务大厦的智能化系统建设工程，其中弱电系统的线缆采用 PVC 管槽敷设。现要求施工队根据系统平面管线图中标识的敷设方法完成主干线、支干线的 PVC 管槽敷设任务，工艺符合相关标准及技术要求。 　学生作为施工人员，完成以下操作： 　（1）领取任务单，并进行有效沟通，明确工作内容及工作要求。 　（2）查阅相关技术手册及标准，与教师确认后，制订施工方案。 　（3）依据工艺文件要求，根据施工图（管线系统图、管线平面布置图），在教师的指导下熟悉施工现场，列出 PVC 管槽的型号、规格、数量及工具材料清单，做好确定敷设位置、高度等现场准备工作。 　（4）按照工具材料清单，正确领取敷设的工具、材料及设备，领取后对 PVC 管槽进行外观、内外径、出厂证明等方面的检验。 　（5）在施工现场进行测量和定位，如发现实际安装环境与施工图不符，及时上报教师，提交解决方案。 　（6）按照施工图，选择正确的敷设方法，如 PVC 线管的水平及垂直敷设、PVC 线槽的水平及垂直敷设。 　（7）严格按照标准进行管道连接、管道切断、管道弯曲等管道加工工作，完成管线敷设。 　（8）工作结束后，依据图纸及相关标准进行自检，合格后交付教师验收。 　在任务实施过程中，学生应严格执行有关标准，如《智能建筑工程质量验收规范》（GB 50339—2013）、《综合布线系统工程设计规范》（GB 50311—2016）、《电气装置安装工程　电缆线路施工及验收标准》（GB 50168—2018）、《建筑电气工程施工质量验收规范》（GB 50303—2015）等，遵守"7S"管理制度、企业质量管理制度、安全生产制度、文明施工制度等规定，恪守从业人员的职业道德，养成积极、认真、严谨的工作态度，具有安全规范意识、质量意识、节约意识。	40
2	镀锌管槽敷设	某施工队承接了某商务大厦的智能化系统建设工程，其中弱电系统的线缆采用镀锌管槽敷设，现要求施工队根据系统平面管线图中标识的敷设方法完成主干线、支干线镀锌管槽的敷设任务，工艺符合相关标准及技术要求。 　学生作为施工人员，完成以下操作： 　（1）领取任务单，并进行有效沟通，明确工作内容及工作要求。 　（2）查阅相关技术手册及标准，与教师确认后，制订施工方案。	40

| 2 | 镀锌管槽敷设 | （3）依据工艺文件要求，根据施工图、任务要求，在教师的指导下熟悉施工现场，列出镀锌管槽的型号、规格、数量及工具材料清单，做好确定敷设位置、高度等现场准备工作。

（4）按照工具材料清单，正确领取敷设的工具、材料及设备，领取后对镀锌管槽进行外观、内外径、出厂证明等方面的检验。

（5）在施工现场进行测量和定位，如发现实际安装环境与施工图不符，及时上报教师，提交解决方案。

（6）按照施工图，选择正确的敷设方法，如镀锌管的水平及垂直敷设、镀锌槽的水平及垂直敷设。

（7）严格按照标准进行管道弯曲、切断、连接等管道加工工作，完成管线敷设。

（8）工作结束后，依据图纸及相关标准进行自检，合格后交付教师验收。

在任务实施过程中，学生应严格执行《智能建筑工程质量验收规范》（GB 50339—2013）、《综合布线系统工程设计规范》（GB 50311—2016）、《电气装置安装工程　电缆线路施工及验收标准》（GB 50168—2018）、《建筑电气工程施工质量验收规范》（GB 50303—2015）等标准，遵守"7S"管理制度、企业质量管理制度、安全生产制度、文明施工制度等规定，恪守从业人员的职业道德，养成积极、认真、严谨的工作态度，具有安全规范意识、质量意识、节约意识。 | |
| 3 | 信号线敷设与测试 | 某施工队承接了某商务大厦的智能化系统建设工程，现要求施工队根据系统图和平面布置图中标识的敷设方法完成弱电系统中信号线的敷设，工艺符合相关标准及技术要求。

学生作为施工人员，完成以下操作：

（1）领取任务单并进行有效沟通，明确工作内容及工作要求。

（2）查阅相关技术手册及标准，与教师确认后，制订施工方案。

（3）依据工艺文件要求，根据施工图、任务要求，在教师的指导下熟悉施工现场，列出所需信号线的型号、规格、数量及工具材料清单，确定敷设位置。

（4）正确领取敷设的工具、材料及设备，领取后对信号线进行外观、型号、数量、出厂证明等方面的检验。

（5）在施工现场进行测量和定位，如发现实际安装环境等与施工图不符，及时上报教师，提交解决方案。

（6）按照施工图，选择正确的信号线，将线缆穿管或槽，制作信号线端口、连接处等处的接头，并测试线路的绝缘、导通性能。

（7）工作结束后，做好线缆标识和编号，依据图纸进行自检，合格后交付教师验收。 | 32 |

3	信号线敷设与测试	在任务实施过程中，学生应严格执行有关标准，如《智能建筑工程质量验收规范》（GB 50339—2013）、《综合布线系统工程设计规范》（GB 50311—2016）、《电气装置安装工程　电缆线路施工及验收标准》（GB 50168—2018）、《建筑电气工程施工质量验收规范》（GB 50303—2015）等，遵守"7S"管理制度、企业质量管理制度、安全生产制度、文明施工制度等规定，恪守从业人员的职业道德，养成积极、认真、严谨的工作态度，具有安全规范意识、质量意识、节约意识。	
4	配电线敷设与测试	某施工队承接了某商务大厦的智能化系统建设工程，现要求施工队根据系统图和平面布置图中标识的敷设方法完成弱电系统中配电线的敷设任务，工艺符合相关标准及技术要求。 学生作为施工人员，完成以下操作： （1）领取任务单并进行有效沟通，明确工作内容及工作要求。 （2）查阅相关技术手册及标准，与教师确认后，制订施工方案。 （3）依据工艺文件要求，根据施工图、任务要求，在教师的指导下熟悉施工现场，列出所需配电线的型号、规格、数量及工具材料清单，确定敷设位置。 （4）正确领取敷设的工具、材料及设备，领取后对配电线进行外观、型号、数量、出厂证明等方面的检验。 （5）在施工过程中，如发现实际安装环境等与施工图不符，及时上报教师，提交解决方案。 （6）按照施工图，正确选择配电线，将线缆穿管或槽，制作信号线端口、连接处等处的接头，并测试线路的绝缘、导通性能。 （7）工作结束后，做好线缆标识和编号，依据图纸进行自检，合格后交付教师验收。 在任务实施过程中，严格执行有关标准，如《智能建筑工程质量验收规范》（GB 50339—2013）、《综合布线系统工程设计规范》（GB 50311—2016）、《电气装置安装工程　电缆线路施工及验收标准》（GB 50168—2018）、《建筑电气工程施工质量验收规范》（GB 50303—2015）等，遵守"7S"管理制度、企业质量管理制度、安全生产制度、文明施工制度等规定，恪守从业人员的职业道德，养成积极、认真、严谨的工作态度，具有安全规范意识、质量意识、节约意识。	32

教学实施建议

1. 师资

授课教师应具备管线敷设的实践经验，能独立或合作完成相关工学一体化课程教学设计与实施、工学一体化课程教学资源的选择与应用。

2. 教学组织方式方法

采用行动导向的教学方法。为确保教学安全，增强教学效果，建议采用分组教学的方式（4 ~ 5 人/组），参与教学的班级人数不超过 35 人。在学生完成工作任务的过程中，教师须加强示范与指导，注重学生职业素养和规范操作习惯的培养。

教师在讲授或演示教学中，应借助多媒体教学设备，配备丰富的多媒体课件和相关教学辅助设备。

3. 工具、材料与设备

工具、材料与设备按组配置。

（1）工具

测量定位工具（如水平仪、尺杆、角尺、线坠等）、锤子、錾子、半圆锉、弯管弹簧、剪管器、管子割刀、冲击钻、手电钻、电烙铁、热风机、开孔器、剥线钳、尖嘴钳、打线钳、压线钳、螺钉旋具、引线器、寻线器、光纤熔接机、钢丝钳、梯子及其他电工常用工具等。

万用表、钳形电流表、兆欧表、接地电阻测试仪等仪器仪表。

（2）材料

PVC 线管、PVC 线槽、软管接头、接线盒、镀锌线管、镀锌线槽、连接弯头、螺纹接头、接线盒、中间连接器、膨胀螺栓、视频线、水晶头、DC 电源线、光纤、BV 线、镀锌铁丝或钢丝、螺旋接线钮、LC 型压线帽、套管、接线端子、焊锡丝、焊剂、开关、插座、日光灯套件、绝缘胶布等。

4. 教学资源

（1）教学场地

管线敷设与测试工学一体化学习工作站须具备良好的安全、照明和通风条件，可分为集中教学区、分组教学区、信息检索区、工具存放区、材料存放区和成果展示区，并配备相应的多媒体教学设备，面积以至少能同时容纳 35 人开展教学活动为宜。

（2）教学资料

以工作页为主，配备相关信息页、图纸、设备说明书、相关标准及技术规范等。

5. 教学管理制度

执行工学一体化教学场所的管理规定。如需要进行校外认识实习和岗位实习，应严格遵守生产性实训基地管理制度、企业实习管理制度等。

教学考核要求

采用过程性考核与终结性考核相结合的形式。

1. 过程性考核

采用自我评价、小组评价和教师评价相结合的方式进行考核，让学生学会自我评价。教师要观察学生的学习过程，结合学生的自我评价、小组评价进行总评，并提出改进建议。

（1）课堂考核

考核出勤、学习态度、课堂纪律、小组合作与展示等情况。

（2）作业考核

考核工作页的完成、成果展示、课后练习等情况。

（3）阶段考核

书面测试、实操测试、口述测试。

2. 终结性考核

应围绕本课程目标，结合课程终结性考核要点，选择企业真实工作任务或设计学习任务进行终结性考核。

学生根据任务要求，查找相关标准和企业操作规程，明确作业流程，领取设备、工具、材料；按照作业流程和工艺要求，在规定时间内完成管槽敷设与测试。作业结果符合有关验收标准。

考核任务案例：模拟施工场地的管线敷设与测试

【情境描述】

某企业接到视频监控系统施工任务，需对某建筑进行管线敷设与测试，项目主管安排安装组完成该任务。要求管线敷设与测试过程中，根据现场施工图列出工具材料清单，选择合适的管线进行敷设并完成测试。

【任务要求】

对照《智能建筑工程质量验收规范》（GB 50339—2013）、《综合布线系统工程设计规范》（GB 50311—2016）、《电气装置安装工程　电缆线路施工及验收标准》（GB 50168—2018）、《建筑电气工程施工质量验收规范》（GB 50303—2015）等相关规范，按照客户要求，在三天时间内完成本项目中管线敷设与测试任务，进行建筑的 PVC 管槽敷设、镀锌管槽敷设、信号线敷设与测试、配电线敷设与测试，本任务将产生以下结果：

1. 根据情境描述与任务要求，列出与组长沟通的要点，明确工作任务与要求。

2. 查阅相关标准等资料，识读项目施工图，写出管线敷设与测试工作流程。

3. 按照工作流程完成管线敷设与测试任务，并填写工作记录单。

4. 总结本任务中遇到的问题，思考解决方法。

【参考资料】

完成上述任务时，可以使用常见的教学资料，如工作页、信息页、个人笔记、电气安全操作规程、网络测试仪使用手册、寻线器使用手册、光纤熔接机使用手册等。

（三）网络通信设备安装与调试课程标准

工学一体化课程名称	网络通信设备安装与调试	基准学时	108
典型工作任务描述			

网络通信系统是楼宇系统的重要组成部分，是智能楼宇中枢神经系统，一般包括以数字式程控交换机为中心的语音通信系统，并通过楼宇结构化综合布线系统实现有线网络、无线网络、闭路电视等系统的整合，实现楼宇内外信息交换与共享。网络通信设备安装与调试是指在智能楼宇网络通信系统搭建或改造过程中，施工人员利用通用工具、专用工具、测试工具以及量具等各类工具，根据有关标准及施工规范，完成有线网络设备安装、无线网络设备安装、语音通信设备安装、有线电视用户分配网设备安装等工作，安装完成后进行设备调试，以达到所需的技术要求。

网络通信设备安装与调试工作一般由企业施工人员完成。施工人员根据不同环境的技术要求，完成网络通信设备安装与调试工作，以确保网络通信设备功能正常，实现语音、数据、图片、视频等类信号的传输、交换。具体流程如下：

1. 从项目经理处领取任务单，明确工作内容及工作要求。

2. 根据客户和项目经理提出的要求，勘查施工现场，制订工作计划，正确选择安装调试的设备、工具、材料，按照施工图现场确定安装位置。

3. 根据施工文件要求在指定工作区安装不同类型的网络通信设备，并将连接线缆敷设至控制中心（管理间）。

4. 依照接线图将连接线缆与工作区网络通信设备进行端接，利用便携式计算机按系统功能要求进行简单功能设置，并启动设备。

5. 根据设备指示灯状态、端口状态、通话质量、画面质量等信息，判断设备的运行情况，必要时对通信介质、参数设置、供电、端接工艺等进行调整，保证设备可以正常启动并平稳运行，完成工作区网络通信设备自检调试。

6. 设备运行正常后，填写设备安装调试记录单、竣工报告，清理施工现场，交付项目经理验收。

7. 在安装过程中，如发现现场环境与施工图不符、设备损坏等问题，及时与项目经理进行沟通，并提交解决方案。

工作过程中，施工人员应严格执行有关标准，包括《公用计算机互联网工程设计规范》（YD/T 5037—2005）、《公用计算机互联网工程验收规范》（YD/T 5070—2005）、《有线接入网设备安装工程设计规范》（YD/T 5139—2019）、《有线接入网设备安装工程验收规范》（YD/T 5140—2005）、《通信线路工程设计规范》（GB 51158—2015）、《通信线路工程验收规范》（GB 51171—2016）、《有线电视网络工程设计标准》（GB/T 50200—2018）、《综合布线系统工程设计规范》（GB 50311—2016）、《综合布线系统工程验收规范》（GB/T 50312—2016）等，遵守企业质量管理制度、安全生产制度、文明施工制度等规定，恪守从业人员的职业道德。

工作内容分析		
工作对象： 1. 任务单的领取和阅读，设备安装标准和工艺要求的确定。 2. 网络通信设备安装现场的勘查，工作计划的制订，安装工具、材料及设备的准备。 3. 网络通信设备的安装与线缆的敷设。 4. 网络通信设备的端接与自检调试。 5. 安装调试记录单和测试报告的填写。	**工具、材料、设备与资料：** 1. 工具 冲击钻、手电钻、角磨机、电锯、电动扳手、水钻、试电笔、斜口钳、螺钉旋具、钢卷尺、穿线器、打线钳、剥线钳、压线钳、铆钉枪、钢锯、管钳、管子割刀、卡轨切割器、电烙铁、热风枪、梯子、安全防护用品等。 2. 材料 卡轨、端子排、膨胀螺钉、自攻螺钉、麻花钻头、冲击钻头、角磨片、焊锡丝、扎带、胶带、热缩管、绝缘胶布、松香、各种线材等。	**工作要求：** 1. 与项目经理有效沟通，准确理解工作内容及工作要求。 2. 全面认知现场，现场环境要符合《公用计算机互联网工程设计规范》（YD/T 5037—2005）、《有线接入网设备安装工程设计规范》（YD/T 5139—2019）、《通信线路工程设计规范》（GB 51158—2015）、《有线电视网络工程设计标准》（GB/T 50200—2018）、《综合布线系统工程设计规范》（GB 50311—2016）中的有关要求，工作计划可实施，设备功能参数符合合同要求

6. 现场的清理, 工具、设备的归还, 资料的归档, 项目的交付。	3. 设备 有线网络设备及其安装与调试设备, 包括台式计算机、交换机、路由器、防火墙、服务器、打印机、扫描仪、光纤熔接机、网络测试仪等。 无线网络设备及其安装与调试设备, 包括便携式计算机、无线接入点 (AP)、无线控制器、无线路由器、网络测试仪、无线信号检测仪等。 语音通信设备及其安装与调试设备, 包括数字程控交换机、有线电话机、无线电话机等。 有线电视用户分配网设备及其安装与调试设备, 包括分配器、分支器、分配放大器、用户终端盒、机顶盒等。 4. 资料 任务单, 安装调试记录单,《公用计算机互联网工程设计规范》(YD/T 5037—2005)、《公用计算机互联网工程验收规范》(YD/T 5070—2005)、《有线接入网设备安装工程设计规范》(YD/T 5139—2019)、《有线接入网设备安装工程验收规范》(YD/T 5140—2005)、《通信线路工程设计规范》(GB 51158—2015)、《通信线路工程验收规范》(GB 51171—2016)、《有线电视网络工程设计标准》(GB/T 50200—2018)、《综合布线系统工程设计规范》(GB 50311—2016)、《综合布线系统工程验收规范》(GB/T 50312—2016) 等有关标准, 以及企业质量管理制度、安全生产制度、文明施工制度等。 **工作方法:** 1. 关键词检索法 2. 五要素识图法 3. 线缆敷设方法 (明敷法、暗敷法) 4. 标签制作方法 (缠绕法、卡线法)	及有关标准规定, 按照施工文件正确选用工具、材料等。 3. 各设备依照图纸安装, 并符合有关标准规定及现场要求。线缆敷设美观并符合《综合布线系统工程验收规范》(GB/T 50312—2016) 中的规定。 4. 线缆端接符合 TIA/EIA–485–A 标准、RS–232 标准和 ANSI/TIA–568.C 标准等标准, 接头牢固。经自检调试, 功能符合任务单中的功能性要求。 5. 记录单填写规范。遵守 "7S" 管理制度, 工具、设备、资料核查准确, 归还手续齐全。资料按照企业相关管理制度归档。 6. 严格执行有关标准、规范, 遵守企业相关制度规定, 恪守职业道德。

5. 线缆整理方法（扎带法、魔术贴法）

6. 检测方法（仪表测量法、仪表测试法）

劳动组织方式：

1. 领取任务单。

2. 与小组成员勘查现场。

3. 领取设备、工具、材料。

4. 与小组成员完成设备安装、自检调试。

5. 合格后交付项目经理验收。

6. 归还设备、工具及材料，将资料归档至项目经理处。

课程目标

学习完本课程后，学生应当能胜任网络通信设备安装与调试工作，包括有线网络设备安装与调试、无线网络设备安装与调试、语音通信设备安装与调试、有线电视用户分配网设备安装与调试等工作。学生应严格遵守有关标准、常用工具使用规范、安全生产制度、"7S"管理制度等；应具备相应的通用能力、职业素养和思政素养。具体包括：

1. 能阅读任务单，读懂施工图各图形符号的含义，明确安装工作任务，安装工艺符合《综合布线系统工程验收规范》（GB/T 50312—2016）等规范；具备信息检索能力，具备规范意识。

2. 能勘查作业现场，合理确定设备安装位置，按任务制订安装工作计划，并正确选择和领取所安装的设备，以及安装所用工具、材料等；具备交往与合作能力、理解与表达能力，具备时间意识。

3. 能依据任务要求，根据网络通信设备说明书和施工文件，结合现场情况，规范使用安装工具，通过小组合作完成网络通信设备安装、线缆敷设，确保安装位置不影响设备功能实现；具备理解与表达能力、交往与合作能力，具备环保意识、时间意识、成本意识、服从管理意识、安全操作意识等职业素养，工作积极主动、吃苦耐劳。

4. 能依照图纸进行设备线缆端接，端接线缆的电气特性和机械特性符合 TIA/EIA-485-A 标准、RS-232 标准和 ANSI/TIA-568.C 标准等标准；能利用便携式计算机进行简单参数设置；能根据设备指示灯状态、端口状态、通话质量、画面质量等信息进行自检调试，判断设备的运行情况；能对通信介质、参数设置、供电、端接工艺等进行调整；具备理解与表达能力、交往与合作能力，具有审美意识、质量意识、劳动精神、工匠精神，尊重他人。

5. 能规范填写设备安装记录单，按照相关管理规定清理现场并归还工具、设备，遵守"7S"管理制度，完成技术资料交付、验收工作及汇报；具备交往与合作能力，具有环保意识、工匠精神。

学习内容

本课程主要学习内容包括：

一、任务解读

1. 实践知识

（1）网络通信设备说明书的识读，网络通信系统概念及关键词含义的搜索（使用便携式计算机）。

（2）网络通信设备施工图的识读、施工图各图形符号含义的理解。

（3）网络通信设备安装任务单的识读（包括施工内容、设备清单、材料清单、工具清单等）。

（4）安装标准和工艺要求的确定。

2. 理论知识

（1）任务单组成要素。

（2）五要素识图法。

（3）有线网络系统、无线网络系统、语音通信系统、有线电视系统等系统的概念与组成。

（4）信息网络布线系统七大子系统的组成（工作区子系统、水平子系统、管理间子系统、垂直干线子系统、设备间子系统、建筑群子系统以及进线间子系统）。

（5）有关标准中的相关条款，包括《公用计算机互联网工程设计规范》（YD/T 5037—2005）第2、3、4、5、6、12、15章，《公用计算机互联网工程验收规范》（YD/T 5070—2005）第2、3、4、5章，《有线接入网设备安装工程设计规范》（YD/T 5139—2019）第2、4、5、7章，《有线接入网设备安装工程验收规范》（YD/T 5140—2005）第2、3、4、5章，《通信线路工程设计规范》（GB 51158—2015），《通信线路工程验收规范》（GB 51171—2016），《有线电视网络工程设计标准》（GB/T 50200—2018），《综合布线系统工程设计规范》（GB 50311—2016），《综合布线系统工程验收规范》（GB/T 50312—2016）等。

二、现场勘查、计划制订以及工具、材料、设备的准备

1. 实践知识

（1）网络通信设备安装现场勘查（对照任务单、施工图等），各设备安装位置的确定。

（2）甘特图的绘制（利用便携式计算机）。

（3）网络通信设备品牌、数量、型号等的核对。

（4）施工工具类型，材料型号、数量等的核对。

2. 理论知识

（1）有线网络设备（包括交换机、路由器、防火墙、服务器、打印机、扫描仪等）、无线网络设备（包括无线接入点、无线控制器、无线路由器等）、语音通信设备（包括数字程控交换机、有线电话机、无线电话机等）、有线电视用户分配网设备（包括分配器、分支器、分配放大器、用户终端盒、机顶盒等）等网络通信设备的分类及型号。

（2）线缆（如导线、双绞线、同轴电缆、光缆等）的型号及使用场合。

三、网络通信设备安装与线缆敷设

1. 实践知识

（1）工具的合理选择及性能辨别。

（2）有线网络设备、无线网络设备、语音通信设备、有线电视用户分配网设备等网络通信设备的安装。

（3）线缆的暗敷。

2. 理论知识

（1）有线网络设备、无线网络设备、语音通信设备、有线电视用户分配网设备等网络通信设备的结构、工作原理及安装要求。

（2）工作区子系统、水平布线子系统、管理间子系统等系统的布线规范。

（3）企业质量管理制度、安全生产制度、文明施工制度等。

（4）线缆抗干扰要求。

（5）POE供电工作原理。

（6）安全作业（安全用电、高空作业等）注意事项。

四、网络通信设备的端接与自检调试

1. 实践知识

（1）接线端子制作质量判别。

（2）测量、测试仪表参数设置。

（3）网络测试仪的使用。

（4）网络通信设备线缆的端接、理线，标签的制作。

（5）网络通信设备简单参数的设置（使用便携式计算机）。

（6）设备的通断检测和功能测试。

2. 理论知识

（1）仪表检测法（包括仪表测量法、仪表测试法）。

（2）各网络通信设备接线端子的类别及功能。

（3）各网络通信设备功能参数的含义。

五、记录单填写、现场清理与交付验收

1. 实践知识

（1）网络通信设备安装调试记录单的规范填写。

（2）施工现场的清理，工具设备的归还，资料的归档。

2. 理论知识

（1）网络通信设备安装调试记录单组成要素。

（2）"7S"管理制度。

（3）工程交付内容及交付要点。

六、通用能力、职业素养和思政素养

自主学习、自我管理、信息检索、理解与表达、交往与合作、创新思维、解决问题等通用能力，安全意识、质量意识、规范意识、效率意识、成本意识、环保意识、市场意识、服务意识等职业素养，以及劳模精神、劳动精神、工匠精神等思政素养。

参考性学习任务

序号	名称	学习任务描述	参考学时
1	有线网络设备安装与调试	某单位为了提高办公效率，实现资源共享，需要组建一个简单的小型有线办公网络，现需针对交换机、路由器、防火墙、服务器等网络设备以及网络扫描仪、网络打印机等外围设备进行安装与调试，要求各设备安装牢固，能正常启动并实现基本功能，为下一步的系统配置做准备。	36

| 1 | 有线网络设备安装与调试 | 学生作为施工人员，完成以下操作：

（1）领取任务单，与教师沟通以明确要求，勘查现场，根据教师提供的项目相关图纸、设备说明书、安装手册等材料制订工作计划，准备施工工具及材料。

（2）严格按照有关标准、行业规范完成有线网络设备（如交换机、路由器、防火墙、服务器、网络打印机、网络扫描仪等）的安装工作，同时配套完成数据信息点跳线制作、跳线理线与标识等任务。

（3）安装完毕后进行设备调试，通过观察设备指示灯、端口状态等，判断设备运行情况，必要时对设备供电、跳线端接、参数设置等进行相应调试，确保设备能够正常运行。

（4）在确认安装调试工作完成后，进行现场清理、工具维护保养，填写相关材料（如设备安装单、移交清单、系统运行记录单、自检记录单、竣工报告等），并交付授课教师验收。

（5）在安装及接线过程中如发现现场环境与施工图或安装要求不符，及时与教师沟通解决。

任务实施过程中，学生应严格执行有关标准，包括《公用计算机互联网工程验收规范》（YD/T 5070—2005）、《有线接入网设备安装工程验收规范》（YD/T 5140—2005）、《通信线路工程验收规范》（GB 51171—2016）、《综合布线系统工程验收规范》（GB/T 50312—2016）等，遵守企业质量管理制度、安全生产制度、文明施工制度等规定，恪守从业人员的职业道德。 | |
| 2 | 无线网络设备安装与调试 | 某单位办公室需要组建无线局域网，提供全区域、无缝的局域网信号覆盖，现需针对无线路由器、无线接入点、无线控制器等设备进行安装与调试，要求各设备安装牢固，能正常启动并实现基本功能，为下一步的系统配置做准备。

学生作为施工人员，完成以下操作：

（1）领取任务单，与教师沟通以明确要求，勘查现场，根据教师提供的项目相关图纸、设备说明书、安装手册等材料制订工作计划，准备施工工具及材料。

（2）严格按照有关标准、行业规范完成无线网络设备（如无线路由器、无线接入点、无线控制器等）的安装工作，同时配套完成必要的跳线制作、跳线理线与标识等任务。

（3）安装完毕后进行设备调试，通过观察设备指示灯、无线信号强度等，判断设备运行情况，必要时对无线天线、设备供电、参数设置等进行相应调试，确保设备能够正常运行。 | 30 |

2	无线网络设备安装与调试	（4）在确认安装调试工作完成后，进行现场清理、工具维护保养，填写相关材料（如设备安装单、移交清单、系统运行记录单、自检记录单、竣工报告等），并交付授课教师验收。 （5）在安装及接线过程中如发现现场环境与施工图或安装要求不符，及时与教师沟通解决。 任务实施过程中，学生应严格执行有关标准，包括《信息技术 系统间远程通信和信息交换 局域网和城域网 特定要求 面向视频的无线个域网（VPAN）媒体访问控制和物理层规范》（GB/T 37020—2018）、《通信线路工程验收规范》（GB 51171—2016）、《综合布线系统工程验收规范》（GB/T 50312—2016）等，遵守企业质量管理制度、安全生产制度、文明施工制度等规定，恪守从业人员的职业道德。	
3	语音通信设备安装与调试	某办公楼需要搭建一套语音通信系统，改善通信条件，提高工作效率，实行办公智能化，现需针对数字程控交换机、有线电话机、无线电话机等设备进行安装与调试，要求各设备安装牢固，能正常启动并实现基本功能，达到所需的要求。 学生作为施工人员，完成以下操作： （1）领取任务单，与教师沟通以明确需求，勘查现场，根据教师提供的项目相关图纸、设备说明书、安装手册等材料制订工作计划，准备施工工具及材料。 （2）严格按照有关标准、行业规范完成语音通信设备（如数字程控交换机、有线电话机、无线电话机等）的安装工作，同时配套完成数据信息点跳线制作、跳线理线与标识等任务。 （3）安装完毕后进行设备调试，通过设备指示灯状态、通话质量判断设备运行情况，必要时对设备供电、线路连接、参数设置等进行相应调试，确保设备能够正常运行。 （4）在确认安装调试工作完成后，进行现场清理、工具维护保养，填写相关材料（如设备安装单、移交清单、系统运行记录单、自检记录单、竣工报告等），并交付授课教师验收。 （5）在安装及接线过程中如发现现场环境与施工图或安装要求不符，及时与教师沟通解决。 任务实施过程中，学生应严格执行有关标准，包括《公用计算机互联网工程验收规范》（YD/T 5070—2005）、《固定电话交换网工程验收规范》（YD 5077—2014）、《综合布线系统工程验收规范》（GB/T 50312—2016）等，遵守企业质量管理制度、安全生产制度、文明施工制度等规定，恪守从业人员的职业道德。	24

| 4 | 有线电视用户分配网设备安装与调试 | 　某办公楼需要搭建有线电视用户分配系统，改善办公环境，提高工作体验，现需针对用户分配网中的分配器、分支器、分配放大器、用户终端盒、机顶盒等设备进行安装与调试，要求各设备安装牢固，能正常联通并实现基本功能，达到所需的要求。

　学生作为施工人员，完成以下操作：

　（1）领取任务单，与教师沟通以明确需求，勘查现场，根据教师提供的项目相关图纸、设备说明书、安装手册等材料制订工作计划，准备施工工具及材料。

　（2）严格按照有关标准、行业规范完成有线电视用户分配网设备（如分配器、分支器、分配放大器、用户终端盒、机顶盒等）的安装工作。

　（3）安装完毕后进行设备调试，通过观察设备指示灯、画面质量，判断设备运行情况，必要时对信号源等进行相应调试，确保设备能够正常运行。

　（4）在确认安装调试工作完成后，进行现场清理、工具维护保养，填写相关材料（如设备安装单、移交清单、系统运行记录单、自检记录单、竣工报告等），并交付授课教师验收。

　（5）在安装过程中如发现现场环境与施工图或安装要求不符，及时与教师沟通解决。

　任务实施过程中，学生应严格执行有关标准，包括《公用计算机互联网工程验收规范》（YD/T 5070—2005）、《有线电视网络工程设计标准》（GB/T 50200—2018）、《综合布线系统工程验收规范》（GB/T 50312—2016）等，遵守企业质量管理制度、安全生产制度、文明施工制度等规定，恪守从业人员的职业道德。 | 18 |

教学实施建议

1. 师资

授课教师应具备网络通信设备安装与调试相关实践经验，并能够独立或合作完成相关工学一体化课程教学设计与实施、工学一体化课程教学资源的选择与应用。

2. 教学组织方式方法

采用行动导向的教学方法。为确保教学安全，增强教学效果，建议采用分组教学的方式（4~6人/组），参与教学的班级人数不超过35人。在学生完成工作任务的过程中，教师须加强示范与指导，注重学生职业素养和规范操作习惯的培养。

教师在讲授或演示教学中，应借助多媒体教学设备，配备丰富的多媒体课件和相关教学辅助设备。

3. 工具、材料与设备

（1）工具

电动扳手、水钻、试电笔、斜口钳、螺钉旋具、钢卷尺、穿线器、打线钳、剥线钳、压线钳、光纤熔接机、钢锯、管钳、管子割刀、卡轨切割器、电烙铁、热风枪、梯子、安全防护用品等。

（2）材料

卡轨、端子排、膨胀螺钉、自攻螺钉、焊锡丝、扎带、胶带、热缩管、绝缘胶布、松香、各种线材等。

（3）设备

台式计算机、便携式计算机、交换机、路由器、防火墙、服务器、标准机柜、打印机、扫描仪、网络测试仪、无线接入点、无线控制器、无线路由器、数字程控交换机、有线电话机、无线电话机、分配器、分支器、分配放大器、用户终端盒、机顶盒等。

4. 教学资源

（1）教学场地

网络通信设备安装与调试工学一体化学习工作站须具备良好的安全、照明和通风条件，可分为集中教学区、分组教学区、信息检索区、工具存放区、材料存放区和成果展示区，并配备相应的多媒体教学设备，面积以至少能同时容纳 35 人开展教学活动为宜。

（2）教学资料

以工作页为主，配备相关信息页、任务单、施工图、有关标准、行业规范、安全操作规程、设备说明书等。

5. 教学管理制度

执行工学一体化教学场所的管理规定。如需要进行校外认识实习和岗位实习，应严格遵守生产性实训基地管理制度、企业实习管理制度。

教学考核要求

采用过程性考核与终结性考核相结合的形式。

1. 过程性考核

采用自我评价、小组评价和教师评价相结合的方式进行考核，让学生学会自我评价。教师要观察学生的学习过程，结合学生的自我评价、小组评价进行总评，并提出改进建议。

（1）课堂考核

考核出勤、学习态度、课堂纪律、小组合作与展示等情况。

（2）作业考核

考核工作页的完成、成果展示、课后练习等情况。

（3）阶段考核

书面测试、实操测试、口述测试。

2. 终结性考核

应围绕本课程目标，结合课程终结性考核要点，选择企业真实工作任务或设计学习任务进行终结性考核。

学生应根据任务要求，查找相关标准和企业操作规程，明确工作流程，领取设备、工具、材料，按照工作流程和工艺要求，在规定时间内完成相关设备的安装与调试，调试后的系统功能要求符合规定的技术标准，达到客户要求。

考核任务案例：办公室无线局域网设备的安装调试

【情境描述】

某单位办公室需要组建无线局域网，提供全区域、无缝的局域网信号覆盖，现安排技术人员针对交换机、无线接入点等设备进行安装与调试，要求各设备安装牢固，能正常启动并实现基本的无线通信功能。

【任务要求】

按照项目要求，完成办公室无线局域网组建，并对无线网络系统进行功能设置和验证。具体要求如下：

1. 根据情境描述与任务要求，识读项目施工图，写出安装及调试工作流程。

2. 完成设备的安装，安装牢固且美观。

3. 制作网络跳线，完成设备连接。

4. 将计算机与无线接入点连接，完成无线接入点的调试。

5. 将无线接入点连接到以太网交换机，实现数据通信。

6. 调试计算机相关参数，使计算机接入无线局域网。

7. 使两台计算机联通，并能互相访问。

8. 填写工作记录单，清理现场。

【参考资料】

完成上述任务时，可以使用常见的教学资料，如工作页、信息页、项目方案、元器件技术手册、产品说明书、产品安装手册和相关技术资料等。

（四）火灾报警及消防联动系统安装与调试课程标准

工学一体化课程名称	火灾报警及消防联动系统安装与调试	基准学时	108
典型工作任务描述			

火灾报警及消防联动系统是一种集成的安全管理系统，旨在通过实时监测和控制火灾报警设备，并与其他消防设备和系统进行联动，提供及时的火灾报警、灭火控制和疏散指示，以提高消防安全管理的效率和响应能力。

在智能楼宇建设与改造过程中，需要完成建筑内消防系统的安装与调试工作。施工人员需要根据有关标准、施工规范、技术手册及任务单，完成火灾报警及消防联动系统的安装与调试。具体流程如下：

1. 从项目经理处领取任务单，根据客户和项目经理提出的要求，勘查施工现场，制订施工方案，正确选择安装的设备、工具、材料。

2. 依据施工图、相关产品技术手册及有关标准，以独立或合作形式完成系统安装与调试，将设备编码，并在控制器中登记。

3. 进行消防联动系统编程后测试探测器功能，检查消防联动逻辑关系，检查消防泵的运转情况，调试防火卷帘及消防风机，确保系统设备全部按照设计参数正常、可靠运行。

4. 如果在安装调试过程中发现问题，如施工图与现场不符、设备损坏等问题，及时向项目经理汇报，协助项目经理制订并提交解决方案，解决该问题。

5. 安装调试工作完成后进行自检，系统运行正常后，清理施工现场，填写设备安装记录单、调试记录单、移交清单并交付项目经理验收，验收合格后交付使用。

工作过程中，施工人员应严格执行有关标准，包括《建筑电气工程施工质量验收规范》（GB 50303—2015）、《建筑防烟排烟系统技术标准》（GB 51251—2017）、《火灾自动报警系统施工及验收标准》（GB 50166—2019）等，遵守企业质量管理制度、安全生产制度、文明施工制度等规定，恪守从业人员的职业道德。

工作内容分析

工作对象：	工具、材料、设备与资料：	工作要求：
1. 任务单的领取和阅读。 2. 现场的勘查，工作计划的制订，工具、材料及设备的准备。 3. 火灾报警及消防联动系统的安装。 4. 火灾报警及消防联动系统编程调试与自检，竣工报告的填写。 5. 记录单的填写，现场的清理，工具、设备的归还，资料的归档。	1. 工具 冲击钻、手电钻、角磨机、电锯、电动扳手、水钻、试电笔、螺钉旋具、剥线钳、压线钳等。 秒表、万用表、测距仪、接地电阻测试仪、绝缘电阻测试仪、点型感烟火灾探测器试验器、点型感温火灾探测器试验器等仪器仪表。 2. 材料 接线头、接线盒、安全防护用品、接线端子、阻燃双绞线、阻燃信号线。 3. 设备 火灾报警系统设备，包括隔离器、火灾报警探测器、输入输出模块、声光报警器、消防广播扬声器、手动火灾报警按钮等。 防烟排烟系统与防火分隔设施，包括排烟风机、排烟管道、输入输出模块、防火卷帘控制器等。 消防灭火系统设备，包括消防水泵、湿式报警阀、输入输出模块、手动启动按钮等。	1. 与项目经理有效沟通，准确理解工作内容及工作要求。 2. 全面认知现场，现场环境要符合《建筑电气工程施工质量验收规范》（GB 50303—2015）、《建筑防烟排烟系统技术标准》（GB 51251—2017）、《火灾自动报警系统施工及验收标准》（GB 50166—2019）要求。工作计划可实施，设备功能参数符合工作要求及有关标准规定，按照施工文件正确选用工具、材料等。 3. 各设备依照图纸安装，符合有关标准规定及现场要求。 4. 调试过程符合火灾自动报警及消防联动系统的操作规范，功能符合任务单中的功能性要求。

4. 资料	5. 记录单填写规范，遵守"7S"管理制度，工具、资料核查准确，归还手续齐全，资料按照企业相关管理制度归档。
安全操作规程、系统图、平面布置图、安装大样图、设备接线详图、相关技术手册及有关标准、工艺文件等。	
工作方法：	6. 严格执行有关标准、规范，遵守企业相关制度规定，恪守职业道德。
1. 关键词检索法	
2. 五要素识图法	
3. 甘特图法	
4. 探测器编码方法（编码器法、拨码法）	
5. 线缆敷设方法（明敷法、暗敷法）	
6. 探测器安装方法（埋入式安装、吊顶下安装、活动地板下安装）	
7. 箱内电缆电线敷设方法（塑料线槽固定法、塑料螺旋管固定法、导线绑扎法）	
8. 标签制作方法（缠绕法、卡线法）	
9. 编程方法（主机录入法、计算机导入法）	
10. 通电测试法（自检测试、线路测试、主电源与备用电源测试、联动测试）	
11. 检测方法（仪表测量法、仪表测试法）	
劳动组织方式：	
1. 领取任务单。	
2. 勘查现场。	
3. 选择并领取设备、工具、材料、资料。	
4. 以独立或合作方式完成设备安装、注册、编程与调试。	
5. 自检合格后交付项目经理验收。	
6. 归还工具、设备，将资料归档。	

课程目标

学习完本课程后，学生应当能胜任火灾报警系统安装与调试、防烟排烟系统与防火分隔设施安装与调试、消防灭火系统安装与调试等工作，应具备相应的通用能力、职业素养和思政素养。具体包括：

1. 能阅读任务单，读懂施工图各图形符号的含义，明确安装调试工作任务，会查阅《建筑电气工程施工质量验收规范》（GB 50303—2015）、《建筑防烟排烟系统技术标准》（GB 51251—2017）、《火灾自动报警系统施工及验收标准》（GB 50166—2019）等标准。具备信息检索能力，养成规范意识。

2. 能勘查现场，合理确定设备安装位置，按任务制订安装工作计划，并正确选择和领取所安装的设备，以及安装所用工具、材料等；具备交往与合作能力、理解与表达能力，养成时间意识。

3. 能依据任务要求，根据火灾报警及消防联动设备说明书和施工文件，结合现场情况，规范使用安装工具，通过小组合作完成火灾报警系统、防烟排烟系统与防火分隔设施、消防灭火系统的设备安装、线缆敷设等工作，确保安装位置不影响设备功能实现；具备理解与表达能力、交往与合作能力，养成环保意识、时间意识、成本意识、服从管理意识、安全操作意识。

4. 能完成设备编码及设备登记，按照功能要求进行联动系统调试，调试过程符合火灾报警及消防联动系统的操作规范；能进行消防联动系统编程并试验探测器功能和消防联动逻辑关系，使消防泵、排烟风机、防火卷帘等设备设施能正常运行，各设备设施功能符合任务单中的功能性要求；具有劳动精神、工匠精神、审美素养、质量意识，具备理解与表达能力、交往与合作能力，尊重他人。

5. 能规范填写设备安装记录单，能按任务单、设备说明书及相关技术规范，对火灾报警及消防联动系统安装与调试成果进行自检或互检、调整，确保系统安装与调试符合工艺要求且达到测量精度要求；按照相关管理规定，清理现场并归还工具、设备，遵守"7S"管理制度；完成技术资料交付、验收工作并进行汇报；具备交往与合作能力，具有工匠精神、环保意识。

学习内容

本课程主要学习内容包括：

一、任务解读

1. 实践知识

（1）关键词的分析与网络检索。

（2）火灾报警及消防联动设备产品手册的识读。

（3）火灾报警及消防联动设备施工图的识读（五要素识图法）。

（4）设备安装任务单的识读（包括施工内容、设备清单、材料清单、工具清单等）。

（5）现场安装标准和工艺要求的确定。

2. 理论知识

（1）施工图中的图形符号含义。

（2）火灾报警系统、防烟排烟系统与防火分隔设施、消防灭火系统的概念与组成。

（3）有关标准中的相关内容，包括《建筑电气工程施工质量验收规范》（GB 50303—2015）第3、12、13、14、15、18章，《建筑防烟排烟系统技术标准》（GB 51251—2017）第5、6、7章，《火灾自动报警系统施工及验收标准》（GB 50166—2019）第3、4、5章等。

二、工作计划的制订

1. 实践知识

（1）甘特图的绘制（利用便携式计算机）。

（2）探测器的编码（运用编码器法、拨码法）。

（3）火灾报警及消防联动系统设备安装工具（如手电钻、剥线钳、压线钳、螺钉旋具、万用表）与探测器测试工具（如点型感烟火灾探测器试验器、点型感温火灾探测器试验器）的领取，安全防护用品的穿戴。

（4）设备安装现场勘查（对照任务单、施工图等），各设备安装位置的确定。

（5）设备品牌、数量、型号等的核对。

（6）施工工具类型及材料型号、数量等的核对。

（7）探测器的编码，编码文档的记录。

2. 理论知识

（1）甘特图的组成要素。

（2）工作计划的体例和撰写规范。

（3）火灾报警系统设备的分类及型号。

（4）防烟排烟系统设备与防火分隔设施的分类及型号。

（5）消防灭火系统设备的分类及型号。

（6）线缆（电源线、总线等）的型号、颜色及使用场合。

三、火灾报警及消防联动系统的安装

1. 实践知识

（1）线缆的敷设（明敷、暗敷）。

（2）探测器的安装（埋入式安装、吊顶下安装、活动地板下安装）。

（3）箱内电缆电线的固定（运用塑料线槽固定法、塑料螺旋管固定法、导线绑扎法）。

（4）火灾报警及消防联动系统安装工具、测试工具的使用。

（5）火灾报警系统设备、防烟排烟系统与防火分隔设施、消防灭火系统等火灾报警及消防联动系统设备的安装，安装位置的合理选择。

2. 理论知识

（1）膨胀螺钉、自攻螺钉、麻花钻头、冲击钻头等工具、材料的分类、型号及使用场合。

（2）火灾报警系统设备、防烟排烟系统设备与防火分隔设施、消防灭火系统设备等火灾报警及消防联动系统设备的结构、工作原理及安装要求。

（3）企业质量管理制度、安全生产制度、文明施工制度等。

（4）安全作业（安全用电、高空作业等）注意事项。

四、火灾报警及消防联动系统编程调试

1. 实践知识

（1）标签的制作方法（运用缠绕法、卡线法）。

（2）编程（运用主机录入法、计算机导入法）。

（3）通电测试（自检测试、线路测试、主电源与备用电源测试、联动测试）。

（4）火灾报警控制器的在线注册、参数设置、联动编程。

（5）火灾报警及消防联动系统设备线缆的端接、理线。

（6）利用仪器仪表进行设备的检测和功能测试。

2．理论知识

（1）火灾报警控制器的定义与分类。

（2）火灾报警控制器编程规则及联动实现功能。

（3）消防自检的内容、步骤、标准。

（4）检测方法（仪表测量法、仪表测试法）。

五、安装调试记录单填写、现场清理与交付验收

1．实践知识

（1）安装调试记录单的规范填写。

（2）试运行、竣工报告的填写。

2．理论知识

（1）安装调试记录单的组成要素。

（2）"7S"管理制度。

（3）工程交付内容及交付要点。

六、通用能力、职业素养和思政素养

自主学习、自我管理、信息检索、理解与表达、交往与合作、创新思维、解决问题等通用能力，安全意识、质量意识、规范意识、效率意识、成本意识、环保意识、市场意识、服务意识等职业素养，以及劳模精神、劳动精神、工匠精神等思政素养。

		参考性学习任务	
序号	名称	学习任务描述	参考学时
1	火灾报警系统安装与调试	某商业楼宇拟进行火灾报警及消防联动系统建设，要求按照任务单中的要求，根据设备清单及项目图纸，制订工作计划，完成火灾报警系统安装调试。 学生作为施工人员，完成以下操作： （1）领取任务单，根据任务要求，勘查火灾报警系统工作台，核查火灾报警系统设备状态，进行测量，结合任务单中的设备清单，分析列出各类线缆的型号、规格、数量及工具材料清单，制订工作计划，正确领用线缆、工具、设备。 （2）接受安装前的安全教育并做好安全防护，做好待安装设备的检查及安装位置的确定等准备工作。 （3）按照工作计划，严格执行有关标准、规范及相关管理制度，按照图纸，完成安装任务。	48

1	火灾报警系统安装与调试	（4）在确认设备供电及接地良好后，完成设备功能调试、联动调试、系统试运行等工作。 （5）作业过程中规范填写安装记录单、调试记录单。小组进行自检或互检、调整，最后总结汇报，交质检人员验收。 　　在任务实施过程中，学生应严格执行实训室安全管理制度、"7S"管理制度、安全生产制度等规定，严格按照相关标准及规范进行施工，同时养成积极、认真、严谨的工作态度和诚实守信的职业道德，具有安全规范意识、质量意识、节约意识，具备简单信息检索能力、任务分析理解能力、有效沟通能力。	
2	防烟排烟系统与防火分隔设施安装与调试	某商业楼宇拟进行火灾报警及消防联动系统建设，要求按照任务单中的要求，根据设备清单及项目图纸，制订工作计划，完成防烟排烟系统与防火分隔设施的安装调试。 　　学生作为施工人员，完成以下操作： （1）领取任务单，根据任务要求，勘查防烟排烟系统与防火分隔设施工作台，核查防烟排烟系统设备与防火分隔设施状态，进行测量，结合任务单中的设备清单，分析列出各类线缆的型号、规格、数量及工具材料清单，制订工作计划，正确领用线缆、工具、设备。 （2）接受安装前的安全教育并做好安全防护，做好待安装设备设施的检查及安装位置的确定等准备工作。 （3）按照工作计划，严格执行有关标准、规范及相关管理制度，按照图纸，完成安装任务。 （4）在确认设备供电及接地良好后，完成设备设施功能调试、联动调试、系统试运行等工作。 （5）作业过程中规范填写安装记录单、调试记录单。小组进行自检或互检、调整，最后总结汇报，交质检人员验收。 　　在任务实施过程中，学生应严格执行实训室安全管理制度、"7S"管理制度、安全生产制度等规定，严格按照相关标准及规范进行施工，同时养成积极、认真、严谨的工作态度和诚实守信的职业道德，具有安全规范意识、质量意识、节约意识，具备简单信息检索能力、任务分析理解能力、有效沟通能力。	30

3	消防灭火系统安装与调试	某商业楼宇拟进行火灾报警及消防联动系统建设，要求按照任务单中的要求，根据设备清单及项目图纸，制订工作计划，完成消防灭火系统安装调试工作。 学生作为施工人员，完成以下操作： （1）领取任务单，根据任务要求，勘查消防灭火系统工作台，核查消防灭火系统设备状态，进行测量，结合任务单中的设备清单，分析列出各类线缆的型号、规格、数量与工具材料清单，制订工作计划，正确领用线缆、工具、设备。 （2）接受安装前的安全教育并做好安全防护，做好待安装设备的检查及安装位置的确定等准备工作。 （3）按照工作计划，严格执行有关标准、规范及相关管理制度，按照图纸，完成安装任务。 （4）在确认设备供电及接地良好后，完成设备功能调试、联动调试、系统试运行等工作。 （5）作业过程中规范填写安装记录单、调试记录单。小组进行自检或互检、调整，最后总结汇报，交质检人员验收。 在任务实施过程中，学生应严格执行实训室安全管理制度、"7S"管理制度、安全生产制度等规定，严格按照相关标准及规范进行施工，同时养成积极、认真、严谨的工作态度和诚实守信的职业道德，具有安全规范意识、质量意识、节约意识，具备简单信息检索能力、任务分析理解能力、有效沟通能力。	30

教学实施建议

1. 师资

授课教师应具备火灾报警及消防联动系统安装与调试相关实践经验，能独立或合作完成相关工学一体化课程教学设计与实施、工学一体化课程教学资源的选择与应用。

2. 教学组织方式方法

采用行动导向的教学方法。为确保教学安全，增强教学效果，建议采用分组教学的方式（4~5人/组），参与教学的班级人数不超过35人。在学生完成工作任务的过程中，教师须加强示范与指导，注重学生职业素养和规范操作习惯的培养。

教师在讲授或演示教学中，应借助多媒体教学设备，配备丰富的多媒体课件和相关教学辅助设备。

3. 工具、材料与设备

（1）按人配置

材料与工具：接线头、接线盒、安全防护用品、信号线、接线端子、各类消防探测器测试工具。

（2）按组配置

工具：螺钉旋具、斜口钳、剥线钳、压线钳、打线器、卷尺、铆钉枪、钢锯、管钳、管子割刀、卡轨切割器、电烙铁、热风枪等。

设备：火灾报警系统设备（如隔离器、火灾报警探测器、输入输出模块、声光报警器、消防广播扬声器、手动火灾报警按钮等），防烟排烟系统设备与防火分隔设施（如排烟风机、排烟管道、输入输出模块、防火卷帘控制器等），消防灭火系统设备（如消防水泵、湿式报警阀、输入输出模块、手动启动按钮等）。

4. 教学资源

（1）教学场地

火灾报警及消防联动系统工学一体化学习工作站须具备良好的安全、照明和通风条件，可分为集中教学区、分组教学区、信息检索区、工具存放区、材料存放区和成果展示区，并配备相应的多媒体教学设备，面积以至少能同时容纳 35 人开展教学活动为宜。

（2）教学资料

以工作页为主，配备相关信息页、任务单、施工图、有关标准、有关规范、安全操作规程、工作联系单、设备说明书等。

5. 教学管理制度

执行工学一体化教学场所的管理规定。如需要进行校外认识实习和岗位实习，应严格遵守生产性实训基地管理制度、企业实习管理制度。

教学考核要求

采用过程性考核与终结性考核相结合的形式。

1. 过程性考核

采用自我评价、小组评价和教师评价相结合的方式进行考核，让学生学会自我评价。教师要观察学生的学习过程，结合学生的自我评价、小组评价进行总评，并提出改进建议。

（1）课堂考核

考核出勤、学习态度、课堂纪律、小组合作与展示等情况。

（2）作业考核

考核工作页的完成、成果展示、课后练习等情况。

（3）阶段考核

书面测试、实操测试、口述测试。

2. 终结性考核

应围绕本课程目标，结合课程终结性考核要点，选择企业真实工作任务或设计学习任务进行终结性考核。

学生应根据任务要求，核对所提供的工具、设备、材料、资料等，编写系统安装与调试工作计划，在规定的时间内独立完成火灾报警及消防联动系统的安装与调试，安装与调试符合工艺要求且达到技术标准要求。

考核任务案例：模拟场地火灾报警及消防联动系统的安装与调试

【情境描述】

某新建写字楼准备安装火灾报警及消防联动系统，现设计单位已经完成该写字楼火灾报警及消防联动系统的设计工作，需要施工单位按照设计图纸及有关标准、规范完成安装调试工作，为写字楼正常使用提供消防保护。

【任务要求】

对照《建筑电气工程施工质量验收规范》（GB 50303—2015）、《建筑防烟排烟系统技术标准》（GB 51251—2017）、《火灾自动报警系统施工及验收标准》（GB 50166—2019）等相关标准，按照客户要求，在规定时间内完成火灾报警系统安装与调试、防烟排烟系统与防火分隔设施安装与调试、消防灭火系统安装与调试，本任务将产生以下结果：

1. 根据情境描述与任务要求，列出与组长沟通的要点，明确工作任务与工作要求。

2. 查阅火灾报警及消防联动工程方面的技术标准等资料，识读施工图，写出安装与调试工作流程。

3. 按照安装与调试工作流程，完成火灾报警及消防联动系统安装、接线。

4. 完成火灾报警及消防联动系统编程。

5. 完成火灾报警及消防联动系统功能调试。

6. 填写工作记录单，总结本次工作中遇到的问题，思考解决方法。

【参考资料】

完成上述任务时，可以使用常见的教学资料，如工作页、信息页、个人笔记、火灾报警及消防联动系统相关设备说明书以及万用表、电子编码器等仪器仪表的说明书等。

（五）安全防范系统安装与调试课程标准

工学一体化课程名称	安全防范系统安装与调试	基准学时	144
典型工作任务描述			

安全防范系统是现代化建筑的重要组成部分，是智能建筑的核心系统之一。安全防范系统以保障安全为目标，根据建筑的使用功能、建筑标准及安全管理的需要，综合运用实体防护技术、电子信息技术、计算机网络技术和安全防范技术，构成独立的防护系统，它包含了入侵报警和紧急报警系统、视频监控系统、出入口控制系统、停车库（场）安全管理系统等子系统。

在新建或改扩建的建筑物安全防范工程中，施工人员需要利用专用工具，遵守各项安全操作规程，严格按照有关标准规范、施工图和设备说明书等，在建筑物的周界或内部进行安全防范系统安装和调试工作，达到设计要求。施工中要注意系统的安全性、可靠性、可维护性和可扩展性，以及系统设备安装的美观性。具体流程如下：

1. 领取任务单，明确施工对象概况及特点、安全防范系统功能、技术指标、工艺与工期要求、施工质量、验收标准和安全技术措施等信息。

2. 查阅设备、工具、材料清单，确定所需的各种设备、工具、材料。

3. 制订施工方案，经项目经理审核后，以独立或合作形式，按照施工图，严格遵守相关标准，选择正确的安装方法和敷设方法，进行入侵报警和紧急报警系统、视频监控系统、出入口控制系统、停车库（场）安全管理系统的前端、控制、显示、管理、传输、存储等设备的安装和布线。

4. 在施工过程中，根据设备的性能和施工图的要求，配置供电线路和接地、防雷装置。

5. 如发现现场环境与施工图不符、设备损坏等问题，及时与项目经理进行沟通，并提交解决方案。

6. 系统安装完成后，调试前，根据设计文件、任务单、施工方案编写系统调试方案。

7. 根据调试方案，在安全防范系统管理平台上，按照系统功能要求，对各子系统的软硬件进行逐一设置、调整和检查，实施系统的单项调试及整体项目调试。系统调试过程中，及时、真实填写调试记录。

8. 系统调试完毕后，进行系统试运行，对工程质量及系统功能进行自检，确保系统主要功能和性能指标满足设计要求。在调试过程中，对系统出现的故障及时进行排查及处理。

9. 试运行完成后，撰写调试报告，交付项目经理验收，并按照"7S"管理制度清理施工现场，将资料归档，交还工具、材料、设备。

施工过程中，施工人员应注意安全，严格遵守各项安全操作规程、施工现场管理制度，执行有关标准及规范，包括《安全防范工程技术标准》（GB 50348—2018）、《安全防范工程通用规范》（GB 55029—2022）、《智能建筑工程质量验收规范》（GB 50339—2013）、《建筑电气工程施工质量验收规范》（GB 50303—2015）、《建筑电气与智能化通用规范》（GB 55024—2022）等，遵守"7S"管理制度，企业质量管理制度、安全生产制度、文明施工制度等规定，恪守从业人员的职业道德。

工作内容分析		
工作对象： 1. 任务单的领取和阅读，设备、工具、材料的确认，安装调试工作内容、要求的确定。 2. 现场的勘查、施工方案的制订。 3. 设备、工具、材料的选取及检验。 4. 安全防范系统的安装。 5. 安全防范系统的调试。 6. 安全防范系统的自检、试运行，系统试运行记录单的填写，交付验收。 7. 现场的清理，工	**工具、材料、设备与资料：** 1. 工具 冲击钻、手电钻、螺钉旋具、试电笔、斜口钳、线标、水平仪、尺杆、角尺、线坠、记号笔、打线器、光纤熔接机、剥线钳、压线钳、卷尺、电烙铁、梯子、安全防护用品等。 水平仪、激光测距仪、网络测试仪、光衰减测试仪、视频监控测试仪、万用表等仪器仪表。 2. 材料 膨胀螺钉、自攻螺钉、麻花钻头、冲击钻头、焊锡丝、扎带、胶带、绝缘胶布、水晶头、松香、各种线材等。 3. 设备 （1）入侵报警和紧急报警系统 计算机、常用探测器、紧急报警装置、防盗报警控制主机、控制键盘、遥控器、扩展模块、中继器、交换机、声光显示装置、报警记录装置等。 （2）视频监控系统 计算机、各类摄像机、拾音器、交换机、光端机、	**工作要求：** 1. 与项目经理有效沟通，准确理解工作内容及工作要求，能分析出系统架构和技术要求。 2. 能全面认知施工现场，分析施工图中设备的安装位置和工艺要求。施工方案有效、可实施，设备技术指标、系统功能符合任务要求及有关标准规定。 3. 能根据施工材料清单，正确选择安装的设备、工具和材料，选用的施工设备、工具、材料的型号、规格、数量、外观质量、性能等满足设计要求。

具、设备的归还，资料的归档。	解码器、控制键盘、视频矩阵、网络接口控制器、监视器、存储设备、数字视频录像机、视频管理系统、视频服务器等。 （3）出入口控制系统 计算机、读卡器、生物识别器、开门按钮、电子锁、门禁电源、门禁控制器、网络适配器等。 （4）停车库（场）安全管理系统 计算机、地感线圈车辆检测器、出入口抓拍机、雷达、出入口控制机、补光灯、出入口控制终端、道闸、读卡器、自动出卡机等。 4. 资料 任务单、施工图、产品说明书、安装方案、调试方案、调试记录单、调试报告、安全操作规程，以及《安全防范系统通用图形符号》（GA/T 74—2017）、《安全防范工程技术标准》（GB 50348—2018）、《安全防范工程通用规范》（GB 55029—2022）、《智能建筑工程质量验收规范》（GB 50339—2013）、《建筑电气工程施工质量验收规范》（GB 50303—2015）、《建筑电气与智能化通用规范》（GB 55024—2022）等标准。 **工作方法：** 1. 关键词检索法 2. 施工图要素识读方法 3. 现场勘查法（观察、拍照、施工图标识） 4. 甘特图法 5. 设备、线缆检测方法（抽样通电检测法） 6. 系统设备安装方法（包括壁装、吊装、横杆装、立柱装、座装、吸顶装等） 7. 管线敷设方法（明敷法、暗敷法） 8. 系统设备接线方法（回路法、并联接线法、串联接线法等） **劳动组织方式：** 1. 领取任务单。 2. 领取材料、工具和设备，查阅施工图等资料。 3. 以独立或合作的方式完成安全防范系统设备安装、接线、调试工作。	4. 现场施工安全、规范，采取了必要的防护措施，设备安装位置、方式与管线敷设方法符合施工图要求及现场施工要求，线缆连接美观，施工符合《安全防范工程通用规范》（GB 55029—2022）、《安全防范工程技术标准》（GB 50348—2018）等标准。 5. 系统功能和性能指标符合任务要求和有关标准、规范。 6. 系统试运行结果满足设计要求和验收标准，记录单填写系统、规范，专业术语准确。 7. 遵守"7S"管理制度，工具、资料核查准确，归还手续齐全，资料归档规范有序。 8. 严格执行有关标准、规范，遵守企业相关制度规定，恪守职业道德。

4. 系统调试完成后，进行系统自检并试运行，合格后交付项目经理验收。 5. 清理现场，归还工具、材料、设备，将资料归档。	

课程目标

学习完本课程后，学生应当能胜任入侵报警和紧急报警系统、视频监控系统、出入口控制系统、停车库（场）安全管理系统的安装、调试工作，应具备相应的通用能力、职业素养和思政素养。具体包括：

1. 能阅读任务单，分析施工图，识别图纸中的符号，准确理解工作内容、技术要求、工期及交付要求，查阅相关标准，具备理解与表达能力、信息提取能力。

2. 能在教师的指导下，根据施工图勘查现场，明确设备安装位置、方式，按任务要求制订施工方案，确保方案有效可行；具备独立思考能力和自主学习能力，具有成本意识和效率意识。

3. 能根据设备、工具、材料清单，正确选择安装的设备、工具、材料；能依据设计要求，对照设备、工具、材料清单，检验设备、工具、材料质量，具有质量意识。

4. 能在教师的指导下，以小组合作的形式，采取必要的安全防护措施，依照施工图，结合现场要求，正确规范地完成入侵报警和紧急报警系统、视频监控系统、出入口控制系统、停车库（场）安全管理系统的前端、控制、显示、管理、传输、存储等设备的安装和布线，严格遵守安全操作规范，施工符合《安全防范工程技术标准》（GB 50348—2018）、《安全防范工程通用规范》（GB 55029—2022）等相关标准，满足设计要求；具有安全意识、责任意识、团队合作意识。

5. 能按照系统功能要求，编写调试方案，并对各子系统的软硬件进行参数设置和系统功能设置，实施系统的单项调试及整体项目调试，确保系统主要功能和性能指标满足设计要求，符合有关标准、规范；正确规范地填写调试记录单，撰写调试报告；具有时间意识、效率意识、劳动精神。

6. 能正确使用工具，严格依照设计要求、施工规范和施工图要求，进行设备安装质量检验、系统电气接线检查、通信协议校验、软硬件功能检测以及系统试运行；运行结果符合《安全防范工程技术标准》（GB 50348—2018）、《建筑电气工程施工质量验收规范》（GB 50303—2015）等相关标准，满足设计要求；具备归纳总结能力，具有规范意识和质量意识。

学习内容

本课程主要学习内容包括：

一、任务解读

1. 实践知识

（1）任务单关键信息的沟通与确认（包括工作对象、工作内容、工作要求、系统功能、安装工艺标准和规范、工作时长等）。

（2）施工图等工程资料的识读（包括工程概况、系统图、平面布置图、施工布线图、安装大样图等）。

（3）系统工程设计方案的查阅。

（4）安全防范系统设备说明书、施工作业指导书的查阅。

（5）设备、工具、材料清单的查阅。

2. 理论知识

（1）安全防范系统安装调试岗位的职责。

（2）安全防范系统的基础知识，如安全防范系统及其子系统的概念、基本术语等。

（3）《安全防范系统通用图形符号》（GA/T 74—2017）的内容。

（4）安全生产相关法律法规以及安全用电、消防安全知识。

二、现场勘查与施工方案制订

1. 实践知识

（1）施工现场的勘查。

（2）现场勘查工具（测距、定位工具等）的使用。

（3）安全作业管理制度的阅读。

（4）安全防范系统相关标准的识读。

（5）施工图的现场分析、标记。

（6）系统设备及配套辅助材料安装位置、安装方式的分析、选择和判断。

（7）施工方案的制订。

2. 理论知识

（1）安全防范系统前端、控制、显示、传输、管理、存储等设备的分类、用途。

（2）定位、测距工具的工作原理及使用方法。

（3）有关标准和规范，如《安全防范工程技术标准》（GB 50348—2018）、《智能建筑工程质量验收规范》（GB 50339—2013）、《建筑电气工程施工质量验收规范》（GB 50303—2015）、《安全防范工程通用规范》（GB 55029—2022）、《建筑电气与智能化通用规范》（GB 55024—2022）及《民用建筑电气设计标准》（GB 51348—2019）等标准。

三、设备、工具、材料的选取与检验

1. 实践知识

（1）设备的核对和功能检测。

（2）管槽、线缆等材料的查验。

（3）安全防护用品的准备、登高作业的准备。

2. 理论知识

（1）安全防范系统各类典型设备（如入侵报警探测器、摄像机、读卡器、道闸、防盗报警控制主机、数字视频录像机、门禁控制器、控制主机等）的名称、品牌、类型、用途。

（2）安全防范系统所用线缆的分类和用途。

四、安全防范系统安装

1. 实践知识

（1）系统各设备的规范安装、接线。

（2）相关管线的敷设。

（3）通用安装工具（如螺钉旋具、斜口钳、剥线钳、电锤、电钻等）的使用。

（4）各种防护用品、安全标志的使用。

（5）安装方案的撰写。

2. 理论知识

（1）安全防范系统的分类、组成、功能、应用等。

（2）相关标准，如《安全防范工程通用规范》（GB 55029—2022）、《安全防范工程技术标准》（GB 50348—2018）的"5.4""7.1""7.2"部分。

（3）安装方案的内容和要点。

（4）高空作业安全操作规程。

五、安全防范系统的调试

1. 实践知识

（1）调试前供电设备的检查（检查电压、极性、相位）。

（2）安全防范系统有源设备的通电检查。

（3）入侵报警和紧急报警系统调试（包括探测范围、报警响应、灵敏度、防拆保护等）。

（4）视频监控系统调试（包括监控覆盖范围、焦距、设备参数等）。

（5）出入口控制系统调试（包括目标识别、系统启动、系统关闭等）。

（6）停车库（场）安全管理系统调试（包括车辆识别、响应速度等）。

（7）调试检测工具（包括万用表、钳形电流表、兆欧表、接地电阻测试仪、寻线器、视频监控测试仪、光衰减测试仪、小型监视器等）的使用。

（8）系统安装调试记录单的填写。

2. 理论知识

（1）各种前端设备的性能（包括灵敏度、响应阈值、探测范围、探测角度、准确度、焦距、响应速度、探测距离等）。

（2）各种设备的接口分类及线缆连接要求。

（3）《安全防范工程技术标准》（GB 50348—2018）中系统调试部分的内容。

六、安全防范系统检验与验收

1. 实践知识

（1）安全防范系统自检和试运行。

（2）安全防范系统架构的检验（包括系统配置、供电、集成联网、传输、存储、安全配置等）。

（3）安全防范系统管理平台的检验（包括客户管理、设备监测管理、系统信息管理、系统集成管理等）。

（4）调试检测工具（包括万用表、钳形电流表、兆欧表、接地电阻测试仪、寻线器、视频监控测试仪、光衰减测试仪、小型监视器等）的使用。

（5）系统试运行记录单的填写。

2. 理论知识

（1）系统验收标准，如《智能建筑工程质量验收规范》（GB 50339—2013）、《建筑电气工程施工质量验收规范》（GB 50303—2015）等。

（2）系统验收流程。

（3）设备、工具、材料的清点、归还，现场的清理。

（4）资料的整理、归档。

七、通用能力、职业素养和思政素养

自主学习、自我管理、信息检索、理解与表达、交往与合作、创新思维、解决问题等通用能力，安全意识、质量意识、规范意识、效率意识、成本意识、环保意识、市场意识、服务意识等职业素养，以及劳模精神、劳动精神、工匠精神等思政素养。

参考性学习任务

序号	名称	学习任务描述	参考学时
1	入侵报警和紧急报警系统安装与调试	某办公大楼中的某公司拟在内部及外围新建安全防范系统，在公司办公区域、过道、出入口及重要区域安装入侵报警和紧急报警系统，要求布防后如发生非法侵入，系统可立即发出声光报警信号并在管理平台上显示入侵发生的部位。防盗报警控制主机可手动或自动布防、撤防，采用有线信道传输，要求布局美观、可拓展、维护方便。 学生作为施工人员，完成以下操作： （1）领取任务单，根据任务要求，勘查施工现场，按照施工图确定前端探测器安装的位置、方位、角度，控制主机、管理显示装置等其他设备的安装位置，线路路由等。 （2）按任务要求制订施工方案，确保施工方案有效可行。 （3）根据设备、工具、材料清单正确选择所需的设备、工具、材料。 （4）设备、工具及材料进场验收合格后，以独立或合作形式安全、规范地完成入侵报警和紧急报警系统前端探测器、防盗报警控制主机、管理器等设备的安装任务，确保安装牢固、接触良好。 （5）在安装过程中，如发现现场环境与施工图不符、设备损坏等问题，及时与教师沟通，并提交解决方案。 （6）完成设备安装后，根据设计要求、施工方案，制订调试方案。 （7）通电前进行电源检测、线路检查、接地检查。 （8）根据调试方案，在系统管理平台上进行软硬件的参数设置和功能设置，完成单项调试和系统整体调试。调试过程中，及时、规范地填写调试记录单。	48

1	入侵报警和紧急报警系统安装与调试	（9）入侵报警和紧急报警系统安装调试后进行自检，连续通电试运行，系统主要功能和性能指标应满足设计要求。撰写调试报告。 （10）按照"7S"管理制度清理施工现场，将资料归档，交付教师验收。 任务实施过程中，学生应严格执行有关标准，包括《安全防范工程技术标准》（GB 50348—2018）、《智能建筑工程质量验收规范》（GB 50339—2013）、《建筑电气工程施工质量验收规范》（GB 50303—2015）、《安全防范工程通用规范》（GB 55029—2022）、《建筑电气与智能化通用规范》（GB 55024—2022）等，遵守"7S"管理制度、安全生产制度、文明施工制度等规定，恪守从业人员的职业道德。	
2	视频监控系统安装与调试	某办公大楼拟新建安全防范系统，需在走廊、公共区域内安装视频监控系统，走廊设置固定彩色低照度摄像机，重点区域设置全方位转动摄像机，楼道及出入口设置固定普通摄像机，实现无盲点监控，要求监控视频图像清晰、稳定，系统布局美观合理、可拓展、维护方便。 学生作为施工人员，完成以下操作： （1）领取任务单，根据任务要求，勘查施工现场，确定摄像机安装位置、镜头类型及数量等，按任务要求制订施工方案，确保方案有效可行。 （2）根据设备、工具、材料清单正确选择所需的设备、工具、材料。 （3）设备、工具及材料进场验收合格后，以独立或合作形式，安全、规范地完成视频监控系统的摄像机、云台、交换机、解码器、存储设备、监控显示设备的安装及接线工作，确保安装牢固、接触良好。 （4）在安装过程中，如发现现场环境与施工图不符、设备损坏等问题，及时与教师进行沟通，并提交解决方案。 （5）完成设备安装后，根据设计要求、施工方案，制订调试方案。 （6）通电前进行电源检测、线路检查、接地检查。 （7）根据调试方案，在系统管理平台上进行软硬件的参数设置和功能设置，对摄像机的电气性能、镜头调整、解码器自检、云台角度限位等进行单项调试及系统功能测试，再进行分区域系统调试，实现系统整体调试。调试过程中，及时、规范地填写调试记录单。 （8）调试完成后进行系统自检，连续通电试运行，系统主要功能和性能指标应满足设计要求。撰写调试报告。	48

2	视频监控系统安装与调试	（9）系统运行正常后，按照"7S"管理制度清理施工现场，将资料归档，交付教师验收。 　　任务实施过程中，学生应严格执行有关标准，包括《安全防范工程技术标准》（GB 50348—2018）、《智能建筑工程质量验收规范》（GB 50339—2013）、《建筑电气工程施工质量验收规范》（GB 50303—2015）、《安全防范工程通用规范》（GB 55029—2022）、《建筑电气与智能化通用规范》（GB 55024—2022）等，遵守"7S"管理制度、安全生产制度、文明施工制度等规定，恪守从业人员的职业道德。	
3	出入口控制系统安装与调试	某公司大门拟安装出入口控制系统，进行自动化管理，要求当员工进入时，系统能够自动识别人员身份，合法则自动开锁，同时系统将进入人员的身份信息、进入时间等信息记录在管理平台，以便管理平台进行信息处理，系统管理人员进行查询；管理中心可以建立进出人员资料库，汇总分类管理；可以根据管理需求，自由设置出入时间、门状态报警，新增临时访客，设置权限分级，加强安全防范管理。 　　学生作为施工人员，完成以下操作： 　　（1）领取任务单，根据任务要求，勘查施工现场，明确周围环境、人员通道、光照条件、设备安装位置等，确保系统可靠性、可拓展性、维护便利性。按任务要求制订施工方案，确保方案有效可行。 　　（2）根据设备、工具、材料清单正确选择所需的设备、工具、材料。 　　（3）设备、工具及材料进场验收合格后，以独立或合作形式，安全规范地进行识读装置、开门按钮、电子锁、门禁电源、门禁控制器、管理设备、网络适配器等设备的安装，以及电源线、信号线、通信线的布线工作。 　　（4）在安装过程中，如发现现场环境与施工图不符、设备损坏等问题，及时与教师进行沟通，并提交解决方案。 　　（5）完成设备安装后，根据设计要求、施工方案，制订调试方案。 　　（6）通电前进行电源检测、线路检查、接地检查。 　　（7）根据调试方案，在系统管理平台上，按照系统功能要求进行软硬件功能及参数设置、通信调试等，及时、规范地填写调试记录单。 　　（8）调试完成后进行系统自检，连续通电试运行，系统主要功能和性能指标应满足设计要求。撰写调试报告。 　　（9）系统运行正常后，按照"7S"管理制度清理施工现场，将资料归档，交付教师验收。	24

3	出入口控制系统安装与调试	任务实施过程中，学生应严格执行有关标准，包括《安全防范工程技术标准》（GB 50348—2018）、《智能建筑工程质量验收规范》（GB 50339—2013）、《建筑电气工程施工质量验收规范》（GB 50303—2015）、《安全防范工程通用规范》（GB 55029—2022）、《建筑电气与智能化通用规范》（GB 55024—2022）等，遵守"7S"管理制度、安全生产制度、文明施工制度等规定，恪守从业人员的职业道德。	
4	停车库（场）安全管理系统安装与调试	某商场地下停车库拟安装停车库（场）安全管理系统，采用一进一出、独立道闸系统，要求能进行车辆信息识别、出入控制、车牌自动识别、车位检索、图像显示、车型校对及自动计费，实现停车库无人化管理。 学生作为施工人员，完成以下操作： （1）领取任务单，根据任务要求，勘查施工现场，明确客户需求、周围环境、车道位置、安全岛大小及设备安装位置等。制订施工方案，确保方案有效可行。 （2）根据设备、工具、材料清单正确选择所需的设备、工具、材料。 （3）设备、工具及材料进场验收合格后，以独立或合作方式，安全、规范地完成地感线圈车辆检测器、出入口抓拍机、出入口控制机、出入口控制终端、道闸等设备的安装及接线。 （4）在安装过程中，如发现现场环境与施工图不符、设备损坏等问题，及时与教师进行沟通，并提交解决方案。 （5）完成设备安装后，根据设计要求、施工方案，制订调试方案。 （6）通电前进行电源检测、线路检查、接地检查。 （7）根据调试方案，安装停车库车牌识别软件。按照系统功能要求完成控制中心权限、数据管理、收费管理的设置，进行出入口车牌识别、图像获取、道闸启动等功能调试。调试完成后，填写设备调试记录单，撰写调试报告，进行系统自检与试运行。 （8）系统运行正常后，按照"7S"管理制度清理施工现场，将资料归档，交付教师验收。 任务实施过程中，学生应严格执行有关标准，包括《安全防范工程技术标准》（GB 50348—2018）、《智能建筑工程质量验收规范》（GB 50339—2013）、《建筑电气工程施工质量验收规范》（GB 50303—2015）、《安全防范工程通用规范》（GB 55029—2022）、《建筑电气与智能化通用规范》（GB 55024—2022）等，遵守"7S"管理制度、安全生产制度、文明施工制度等规定，恪守从业人员的职业道德。	24

教学实施建议

1. 师资

授课教师应具备安全防范系统安装与调试实践经验，并能够独立或合作完成相关工学一体化课程教学设计与实施、工学一体化课程教学资源的选择与应用。

2. 教学组织方式方法

采用行动导向的教学方法。为确保教学安全，增强教学效果，建议采用分组教学的方式（4～5人/组），参与教学的班级人数不超过35人。在学生完成工作任务的过程中，教师须加强示范与指导，注重学生职业素养和规范操作习惯的培养。

教师在讲授或演示教学中，应借助多媒体教学设备，配备丰富的多媒体课件和相关教学辅助设备。

3. 工具、材料与设备

工具、材料与设备按组配置。

（1）工具

冲击钻、手电钻、螺钉旋具、试电笔、斜口钳、线标、水平仪、尺杆、角尺、线坠、记号笔、打线器、光纤熔接机、剥线钳、压线钳、卷尺、电烙铁、梯子、安全防护用品等。

水平仪、激光测距仪、网络测试仪、光衰减测试仪、视频监控测试仪、万用表等仪器仪表。

（2）材料

膨胀螺钉、自攻螺钉、麻花钻头、冲击钻头、焊锡丝、扎带、胶带、绝缘胶布、水晶头、松香、各种线材等。

（3）设备

计算机、常用探测器、紧急报警装置、防盗报警控制主机、控制键盘、遥控器、扩展模块、中继器、交换机、声光显示装置、报警记录装置等入侵报警和紧急报警系统设备。

计算机、各类摄像机、拾音器、交换机、光端机、解码器、控制键盘、视频矩阵、网络接口控制器、监视器、存储设备、数字视频录像机、视频管理系统、视频服务器等视频监控系统设备。

计算机、读卡器、生物识别器、开门按钮、电子锁、门禁电源、门禁控制器、网络适配器等出入口控制系统设备。

计算机、地感线圈车辆检测器、出入口抓拍机、雷达、出入口控制机、补光灯、出入口控制终端、道闸、读卡器、自动出卡机等停车库（场）安全管理系统设备。

4. 教学资源

（1）教学场地

安全防范系统安装与调试工学一体化学习工作站须具备良好的安全、照明和通风条件，可分为集中教学区、分组教学区、信息检索区、工具存放区、材料存放区和成果展示区，并配备相应的多媒体教学设备，面积以至少能同时容纳35人开展教学活动为宜。

（2）教学资料

以工作页为主，配备相关信息页、任务单、施工图、有关标准、有关规范、安全操作规程、设备说明书等。

5. 教学管理制度

执行工学一体化教学场所的管理规定。如需要进行校外认识实习和岗位实习，应严格遵守生产性实训基地管理制度、企业实习管理制度等。

教学考核要求

采用过程性考核和终结性考核相结合的形式。

1. 过程性考核

采用自我评价、小组评价和教师评价相结合的方式进行考核，让学生学会自我评价。教师要观察学生的学习过程，结合学生的自我评价、小组评价进行总评，并提出改进建议。

（1）课堂考核

考核出勤、学习态度、课堂纪律、小组合作与展示等情况。

（2）作业考核

考核工作页的完成、成果展示、课后练习等情况。

（3）阶段考核

书面测试、实操测试、口述测试。

2. 终结性考核

应围绕本课程目标，结合课程终结性考核要点，选择企业真实工作任务或设计学习任务进行终结性考核。

学生应根据任务要求，查找相关标准和企业操作规程，明确工作流程，领取设备、工具、材料；按照工作流程和工艺要求，在规定时间内完成安全防范系统安装与调试。作业结果应符合《安全防范工程技术标准》（GB 50348—2018）中的验收标准，系统功能达到客户要求。

考核任务案例：入侵报警和紧急报警系统安装与调试

【情境描述】

某安防科技有限公司接到某客户公司新建安全防范系统的任务，需要对入侵报警和紧急报警系统进行安装与调试。客户公司面积为 500 m²，需要在公司的办公区域内及过道、出入口、重点保护区域安装入侵报警和紧急报警系统。在公司范围内，探测范围须全覆盖。在正常工作时间，整个系统处于撤防状态；下班后，处于布防状态。当入侵报警和紧急报警系统判断有人员非法闯入或发生紧急事件时，在管理中心实现声光报警。如果有人对线路和设备进行破坏，或者线路发生短路或断路，或者门窗被非法撬开，防盗报警控制主机会发出警报，并能显示线路故障信息。系统报警后，控制中心可以通过电子地图识别报警区域。要求设备安装牢固、可靠、美观、维护方便。

【任务要求】

对照《安全防范工程通用规范》（GB 55029—2022）、《入侵报警系统工程设计规范》（GB 50394—2007）、《安全防范工程技术标准》（GB 50348—2018）、《智能建筑工程质量验收规范》（GB 50339—2013）等相关规范，按照客户要求，在两天内完成本项目中入侵报警和紧急报警系统安装调试任务，进行系统布防、撤防等功能设置和验证，本任务将产生以下结果：

1. 正确解读任务单，列出工作内容和工作要求。采用合适的沟通方式和专业语言向客户说明防范区域探测器的探测角度和探测范围，确定设备安装的位置。

2. 根据情境描述与任务要求，查阅《安全防范工程技术标准》（GB 50348—2018）等资料，识读项目施工图，写出安装及调试工作流程。施工前，检验设备、工具、材料。

3. 按照安装及调试工作流程，标准、规范地完成入侵报警和紧急报警系统设备的安装和线路连接，并在控制主机上进行参数设置，在管理平台上完成功能设置。

4. 按照设计要求，进行系统功能、性能自检和试运行，达到客户要求。按要求正确填写装调记录单和试运行记录单。

5. 严格遵守《安全防范工程技术标准》（GB 50348—2018），遵守安全作业操作流程、环保管理制度及"7S"管理制度，做好现场的清理。

6. 总结本次工作中遇到的问题，思考解决方法。

【参考资料】

完成上述任务时，可以使用常见的教学资料，如工作页、信息页、项目设计方案、元器件技术手册、产品说明书、产品安装手册、技术标准和相关技术资料等。

（六）音视频系统安装与调试课程标准

工学一体化课程名称	音视频系统安装与调试	基准学时	108

典型工作任务描述

音视频系统也叫 A/V 系统，A 代表音频（audio），V 代表视频（video），将音频与视频组合起来的系统称为音视频系统。音视频系统安装与调试是指在智能楼宇会议室建设或改造过程中，施工人员利用工具，根据有关标准及施工规范，完成音视频系统线缆布放与端接、音频系统安装与调试、视频系统安装与调试等工作，并在安装完成后进行设备测试，以达到所需的技术要求。

音视频系统安装与调试工作一般由企业施工人员完成。施工人员根据不同环境的技术要求，完成音视频系统安装与调试工作，以确保音视频设备功能正常，实现语音、视频等类信号的传输、交换。具体流程如下：

1. 从项目经理处领取任务单，明确工作内容及工作要求。

2. 根据客户和项目经理提出的要求，勘查施工现场环境，制订工作计划，正确选择安装的设备、工具、材料，按照施工图现场确定安装位置。

3. 根据施工文件要求在指定工作区安装音视频设备，并将连接线缆敷设至控制中心，依照接线图将线缆与音视频设备进行连接；按照功能要求，在主控设备或控制台上进行简单的功能设置并启动设备，将人物的静态、动态图像以及语音、文字、图片等多种资料实时分送到各个客户面前。

4. 根据设备指示灯状态判断设备的运行情况，必要时对通信介质、参数设置、供电、端接工艺等进行调整，保证设备可以正常启动并平稳运行，完成音视频系统自检调试。

5. 设备运行正常后，填写设备安装调试记录单、竣工报告，清理施工现场，交付项目经理验收。

6. 在安装过程中，如发现现场环境与施工图不符、设备损坏等问题，及时与项目经理进行沟通，并提交解决方案。

工作过程中，施工人员应严格执行有关标准，包括《电子会议系统工程施工与质量验收规范》（GB 51043—2014）、《会议电视会场系统工程施工及验收规范》（GB 50793—2012）、《扩声、会议系统安装工程施工及验收规范》（GY 5055—2008）、《公共广播系统工程技术标准》（GB/T 50526—2021）、《会议电视会场系统工程设计规范》（GB 50635—2010）等标准，遵守企业质量管理制度、安全生产制度、文明施工制度等规定，恪守从业人员的职业道德。

工作内容分析

工作对象：	工具、材料、设备与资料：	工作要求：
1. 任务单的领取和阅读，设备安装标准和工艺要求的确定。 2. 音视频设备的现场勘查，工作计划的制订，安装工具、材料及设备的准备。 3. 音视频系统的安装、线缆的敷设与端接。 4. 音视频设备的连接与自检调试。 5. 安装调试记录单和竣工报告的填写。 6. 现场的清理，工具、设备的归还，资料的归档。	**1. 工具** 螺钉旋具、水平仪、电钻、斜口钳、小型便携式老虎钳、支撑钳、电烙铁、鲤鱼钳、热风枪、扎带枪、吸锡器、卷尺、穿线器等。 万用表、激光测距仪、照度计、声级计等仪器仪表。 **2. 材料** 音频线、电源线、视频线、信号线、HDMI线、DP线、DVI线、网线、光纤、RCA音频莲花头、卡侬头、3.5 mm音频头、6.5 mm音频头、BNC头、VGA头等。 **3. 设备** 话筒、功率放大器、音箱、调音台、音频处理器、多媒体播放设备、显示设备、视频矩阵、会议主机、会议代表单元、摄像机、多点控制单元、计算机等。 **4. 资料** 安全操作规程、施工图、任务单、设备说明书、相关技术手册、工艺文件、《综合布线系统工程设计规范》（GB 50311—2016）、《电气装置安装工程电缆线路施工及验收标准》（GB 50168—2018）、《电子会议系统工程设计规范》（GB 50799—2012）、《厅堂扩声系统声学特性指标》（GYJ 25—1986）等标准。 **工作方法：** 1. 关键词检索法 2. 五要素识图法 3. 甘特图法	1. 与项目经理有效沟通，准确理解工作内容及工作要求。 2. 全面认知现场，工作计划可实施，设备功能参数符合要求及有关标准规定，按照施工文件正确选用工具、材料等。 3. 各设备依照图纸安装，并符合《电子会议系统工程施工与质量验收规范》（GB 51043—2014）、《会议电视会场系统工程施工及验收规范》（GB 50793—2012）、《扩声、会议系统安装工程施工及验收规范》（GY 5055—2008）、《公共广播系统工程技术标准》（GB/T 50526—2021）、《会议电视会场系统工程设计规范》（GB 50635—2010）等有关标准中的规定，线缆敷设美观。 4. 线缆接头制作符合技术标准，接头牢固。经自检调试，功能符合任务单的功能性要求。 5. 依据《会议电视会场系统工程施工及验收规范》（GB 50793—2012），规范填写安装调试记录单和竣工报告。 6. 工具、资料核查准确，归还手续齐全。资料按照企业相关管理制度归档。

4. 成本控制法	7. 严格执行有关标准、规范，遵守企业相关制度规定，恪守职业道德。
5. 线缆敷设方法（明敷法、暗敷法）	
6. 会议系统接线法（手拉手接线法、一一对应接线法）	
7. 连接方法（有线连接、无线连接）	
劳动组织方式：	
1. 领取任务单。	
2. 勘查现场。	
3. 选择并领取设备、工具、材料、资料。	
4. 有效沟通，确定安装位置。	
5. 以独立或合作方式完成设备安装、配接或连接调试。	
6. 自检及通电性能测试合格，系统试运行良好，完成后交付项目经理验收。	
7. 归还工具、设备，将资料归档。	

课程目标

学习完本课程后，学生应当胜任音视频系统线缆布放与端接、音频系统安装与调试、视频系统安装与调试等工作，应具备相应的通用能力、职业素养和思政素养。具体包括：

1. 能阅读任务单，读懂施工图各图形符号的含义，明确工作任务与要求，安装工艺符合《智能建筑工程质量验收规范》（GB 50339—2013）等标准、规范；具备信息检索能力，养成规范意识。

2. 能勘查作业现场，合理确定设备安装位置，按任务制订工作计划，并正确选择和领取所安装的设备，以及需要的工具、材料等；具备交往与合作能力、理解与表达能力，养成时间意识、成本意识。

3. 能依据任务要求，根据音视频设备说明书和施工文件，结合现场情况，规范使用安装工具，通过小组合作完成音视频设备安装、线缆布放，确保安装位置不影响设备功能实现；具备理解与表达能力、交往与合作能力，养成环保意识、时间意识、成本意识、服从管理意识、安全操作意识。

4. 能依照图纸进行设备线缆端接，端接线缆的电气特性和机械特性符合有关技术标准；利用主控设备或控制台进行简单设置，并启动设备；能将人物的静态、动态图像以及语音、文字、图片等多种信息实时分送到各个客户面前；能根据设备指示灯状态、端口状态、通话质量、画面质量等信息进行自检调试，判断设备的运行情况；能对通信介质、参数设置、供电、端接工艺等进行调整，保证设备可以正常启动并平稳运行，完成音视频系统自检调试；具备理解与表达能力、交往与合作能力，具有审美素养、质量意识，尊重他人。

5. 能规范填写设备安装记录单，按照相关规定清理现场并归还工具、设备，遵守"7S"管理制度，完成技术资料交付、项目验收及汇报；具有工匠精神、规范意识、环保意识。

学习内容

本课程主要学习内容包括:

一、任务解读

1. 实践知识

(1)音视频设备产品手册的查阅。

(2)音视频设备施工图的识读。

(3)音视频设备安装任务单的识读(包括施工内容、设备清单、材料清单、工具清单等)。

(4)现场安装标准和工艺要求的确定。

2. 理论知识

(1)设备图形符号含义。

(2)音频系统、视频系统、音视频会议系统的概念与组成。

(3)有关标准中的相关条款,包括《电子会议系统工程施工与质量验收规范》(GB 51043—2014)第4、5、6、7、8、9章,《会议电视会场系统工程施工及验收规范》(GB 50793—2012)第4、5章,《扩声、会议系统安装工程施工及验收规范》(GY 5055—2008)第3、4、5、6章,《公共广播系统工程技术标准》(GB/T 50526—2021)、《会议电视会场系统工程设计规范》(GB 50635—2010)等标准中的有关内容。

二、现场勘查、计划制订与物料准备

1. 实践知识

(1)甘特图的绘制(利用便携式计算机)。

(2)音视频设备品牌、数量、型号等的核对。

(3)施工工具与材料的品种、型号、数量等的核对。

2. 理论知识

(1)音视频线缆及接头(包括音频线、电源线、视频线、信号线、HDMI线、DP线、DVI线、网线、光纤、RCA音频莲花头、卡侬头、3.5 mm音频头、6.5 mm音频头、BNC头、VGA头等)的型号、作用。

(2)音频设备(包括话筒、功率放大器、音箱、调音台、音频处理器等)的功能。

(3)视频设备(包括显示设备、会议主机、会议代表单元、摄像机、多点控制单元、计算机等)的功能。

(4)成本控制法。

三、音视频系统安装、线缆敷设与端接

1. 实践知识

(1)线缆的敷设(运用明敷法、暗敷法)。

(2)设备的安装(便携式、嵌入式)。

(3)螺钉旋具、水平仪、电钻、斜口钳、小型便携式老虎钳、支撑钳、电烙铁、鲤鱼钳、热风枪、扎带枪、吸锡器、卷尺、穿线器等工具的使用。

(4)音视频线缆的使用。

（5）音频设备的安装。

（6）视频设备的安装。

2. 理论知识

（1）音视频线缆的结构和应用场合，音视频接头的结构、应用场合和制作工艺。

（2）音视频设备的结构、工作原理及安装要求。

（3）企业质量管理制度、安全生产制度、文明施工制度。

（4）安全作业（如安全用电、高空作业等）注意事项。

四、音视频设备连接与自检调试

1. 实践知识

（1）会议系统的接线（运用手拉手接线法、一一对应接线法）。

（2）音视频设备安装位置的确定，线缆的连接、整理，标签的制作。

（3）音视频设备线缆的连接。

（4）利用测试仪对设备进行的功能测试。

2. 理论知识

（1）各音视频设备接线端子的类别及功能。

（2）各音视频设备功能指标含义（如分辨率、帧率、回音抵消、自动增益等）。

（3）音视频系统的连接方法。

（4）音视频系统调试规定。

五、记录单填写、现场清理与交付验收

1. 实践知识

（1）音视频设备安装调试记录单的规范填写。

（2）音视频设备试运行记录单、竣工报告的填写。

（3）现场的清理，施工工具的归还、摆放。

2. 理论知识

（1）记录单的组成要素。

（2）音视频设备安装调试记录单与试运行记录单、竣工报告的填写方法及要点。

（3）"7S"管理制度。

（4）工程交付内容及交付要点。

六、通用能力、职业素养和思政素养

自主学习、自我管理、信息检索、理解与表达、交往与合作、创新思维、解决问题等通用能力，安全意识、质量意识、规范意识、效率意识、成本意识、环保意识、市场意识、服务意识等职业素养，以及劳模精神、劳动精神、工匠精神等思政素养。

参考性学习任务

序号	名称	学习任务描述	参考学时
1	音视频系统线缆布放与端接	某学校会议室要进行音视频项目施工,需要完成音视频线缆的布放及端接,要求线缆布放到位,端接良好,并做好线标。 学生作为施工人员,完成以下操作: (1)领取任务单,根据客户和项目经理提出的要求,勘查施工现场,制订工作计划。 (2)正确选择布放及端接的设备、工具、材料,根据需要进行线缆布放。 (3)布放过程中如发现现场环境与施工图不符、线缆损坏等问题,及时与项目经理进行沟通,并提交解决方案,确定不同线缆布放位置。根据施工文件要求在线缆两端端接插件。 (4)音视频线缆布放及端接完成后进行自检,测试接头、插件性能、参数。 (5)测试完成后,填写线缆布放及端接记录单,清理施工现场,交付项目经理验收。 任务实施过程中,学生应严格执行有关标准,包括《电子会议系统工程施工与质量验收规范》(GB 51043—2014)、《会议电视会场系统工程施工及验收规范》(GB 50793—2012)、《扩声、会议系统安装工程施工及验收规范》(GY 5055—2008)、《公共广播系统工程技术标准》(GB/T 50526—2021)、《会议电视会场系统工程设计规范》(GB 50635—2010)等,遵守企业质量管理制度、安全生产制度、文明施工制度等规定,恪守从业人员的职业道德。	36
2	音频系统安装与调试	某学校会议室要进行音视频项目施工,前期施工人员已经将线缆布放端接到位,现需要完成话筒、音箱、调音台、功率放大器、音频处理器、多媒体播放设备等设备的安装,对各设备进行连接,并进行测试。要求各设备安装牢固,能正常启动并实现基本功能,设备使用时无啸叫。 学生作为施工人员,完成以下操作: (1)领取任务单,根据客户和项目经理提出的要求,勘查施工现场,制订工作计划。 (2)正确选择安装的设备、工具、材料,检查已端接完成的各类线材的完好性,确定安装位置。	36

| 2 | 音频系统安装与调试 | （3）在安装过程中，如发现现场环境与施工图不符、设备损坏等问题，及时与项目经理进行沟通，并提交解决方案，确定安装位置。

（4）根据施工文件要求安装话筒、音箱、调音台、功率放大器、音频处理器、多媒体播放设备等设备，调整音箱角度，按照系统图配接音频设备。

（5）在调音台上设置设备参数，完成话筒、音箱等设备测试。

（6）以独立或合作形式完成音频系统安装调试工作。音频系统安装与调试完成后进行自检，完成音源设备、调音台、音频处理设备、扩声设备等设备通电性能测试。

（7）测试完成后，填写设备安装调试记录单，清理施工现场，交付项目经理验收。

任务实施过程中，学生应严格执行有关标准，包括《电子会议系统工程施工与质量验收规范》（GB 51043—2014）、《会议电视会场系统工程施工及验收规范》（GB 50793—2012）、《扩声、会议系统安装工程施工及验收规范》（GY 5055—2008）、《公共广播系统工程技术标准》（GB/T 50526—2021）、《会议电视会场系统工程设计规范》（GB 50635—2010）等，遵守企业质量管理制度、安全生产制度、文明施工制度等规定，恪守从业人员的职业道德。 | |
| 3 | 视频系统安装与调试 | 某学校会议室要进行音视频项目施工，前期施工人员已经将线缆布放端接到位，现需要完成会议系统视频显示设备、视频矩阵、视频会议摄像机、多点控制单元的安装及各系统连接，实现开会时视频会议摄像机跟随发言人移动而移动的功能。要求各设备安装牢固，能正常启动并实现基本功能。

学生作为施工人员，完成以下操作：

（1）领取任务单，根据客户和项目经理提出的要求，勘查施工现场，制订工作计划。

（2）正确选择安装的设备、工具、材料，检查已端接完成的各类线材完好性，确定安装位置。

（3）在安装过程中，如发现现场环境与施工图不符、设备损坏等问题，及时与项目经理进行沟通，并提交解决方案，确定安装位置。

（4）根据施工文件要求安装显示系统、视频会议摄像机、视频矩阵、多点控制单元等设备，并按照系统图连接视频设备。 | 36 |

3	视频系统安装与调试	（5）以独立或合作形式，按照功能要求在控制端设置设备参数，完成视频系统安装调试工作。 （6）视频系统安装与调试完成后进行自检，并试运行，检查功能是否实现。 （7）功能实现后，填写设备安装调试记录单，清理施工现场，交付项目经理验收。 任务实施过程中，学生应严格执行有关标准，包括《电子会议系统工程施工与质量验收规范》（GB 51043—2014）、《会议电视会场系统工程施工及验收规范》（GB 50793—2012）、《扩声、会议系统安装工程施工及验收规范》（GY 5055—2008）、《会议电视会场系统工程设计规范》（GB 50635—2010）等，遵守企业质量管理制度、安全生产制度、文明施工制度等规定，恪守从业人员的职业道德。	

教学实施建议

1. 师资

授课教师应具有与课程相对应的音视频系统安装与调试实践经验，并能够独立或合作完成相关工学一体化课程教学设计与实施、工学一体化课程教学资源的选择与应用。

2. 教学组织方式方法

采用行动导向的教学方法。为确保教学安全，增强教学效果，建议采用分组教学的方式（4~6人/组），参与教学的班级人数不超过35人。在学生完成工作任务的过程中，教师须加强示范与指导，注重学生职业素养和规范操作习惯的培养。

教师在讲授或演示教学中，应借助多媒体教学设备，配备丰富的多媒体课件和相关教学辅助设备。

3. 工具、材料与设备

工具、材料与设备按组配置。

（1）工具

螺钉旋具、水平仪、电钻、斜口钳、小型便携式老虎钳、支撑钳、电烙铁、鲤鱼钳、热风枪、扎带枪、吸锡器、卷尺、穿线器等。

万用表、激光测距仪、照度计、声级计等仪器仪表。

（2）材料

音频线、电源线、视频线、信号线、HDMI线、DP线、DVI线、网线、光纤、RCA音频莲花头、卡侬头、3.5 mm音频头、6.5 mm音频头、BNC头、VGA头等。

（3）设备

话筒、功率放大器、音箱、调音台、音频处理器、多媒体播放设备、显示设备、视频矩阵、会议主机、会议代表单元、摄像机、多点控制单元、计算机等。

4. 教学资源

（1）教学场地

音视频系统工学一体化学习工作站须具备良好的安全、照明和通风条件，可分为集中教学区、分组教学区、信息检索区、工具存放区、材料存放区和成果展示区，并配备相应的多媒体教学设备，面积以至少能同时容纳35人开展教学活动为宜。

（2）教学资料

以工作页为主，配备相关信息页、安全操作规程、施工图、任务单、设备说明书、相关技术手册、标准、工艺文件等。

5. 教学管理制度

执行工学一体化教学场所的管理规定。如需要进行校外认识实习和岗位实习，应严格遵守生产性实训基地管理制度、企业实习管理制度。

教学考核要求

采用过程性考核与终结性考核相结合的形式。

1. 过程性考核

采用自我评价、小组评价和教师评价相结合的方式进行考核，让学生学会自我评价。教师要观察学生的学习过程，结合学生的自我评价、小组评价进行总评，并提出改进建议。

（1）课堂考核

考核出勤、学习态度、课堂纪律、小组合作与展示等情况。

（2）作业考核

考核工作页的完成、成果展示、课后练习等情况。

（3）阶段考核

书面测试、实操测试、口述测试。

2. 终结性考核

应围绕本课程目标，结合课程终结性考核要点，选择企业真实工作任务或设计学习任务进行终结性考核。

学生应根据任务要求，制订音视频设备安装与调试方案，并按照作业规范，在规定时间内完成设备的安装与调试，调试后的系统功能应符合规定的技术标准。

考核任务案例：音视频会议系统安装调试

【情境描述】

某企业接到音视频会议系统建设项目，设计人员根据需求进行功能设计，要求音视频会议系统具备智能型会议系统功能，包括会议发言系统、扩声系统、视频系统、自动摄像系统、集中控制系统等。施工人员根据设计图纸、布线图纸、设备清单，完成音视频会议系统的建设，进行音视频线缆的敷设及端接，以及话筒、功率放大器、音箱、调音台、显示设备、会议主机、会议代表单元、摄像机、多点控制单元、计算机等设备的安装、连接、调试。

【任务要求】

1. 根据情境描述与任务要求，列出与组长沟通的要点，明确工作任务与要求。

2. 查阅技术标准等资料，识读项目施工图，写出安装及调试工作流程。

3. 按照安装及调试工作流程，完成音视频会议系统设备安装。

4. 按照安装与调试工作流程，完成音视频会议系统设备接线。

5. 按照安装与调试工作流程，完成音视频会议系统功能调试。

6. 对音视频会议系统进行自检调试，填写工作记录单。

7. 总结本次工作中遇到的问题，思考解决方法。

【参考资料】

完成上述任务时，可以使用常见的教学资料，如工作页、信息页、项目方案、元器件技术手册、产品说明书、产品安装手册和相关技术资料等。

（七）建筑设备监控系统安装课程标准

工学一体化课程名称	建筑设备监控系统安装	基准学时	216

典型工作任务描述

建筑设备监控系统是对建筑物机电系统进行自动监测、自动控制、自动调节和自动管理的系统。通过建筑设备监控系统可实现暖通空调系统、给水排水系统、照明系统等建筑物机电系统安全、高效、可靠、节能运行，实现对建筑物的科学化管理。在智能楼宇建筑设备监控系统建设与改造过程中，需要完成建筑设备监控系统的安装工作。安装人员需要根据有关标准及施工规范，完成供配电监控系统安装、照明监控系统安装、暖通空调监控系统安装、给水排水监控系统安装等工作，并达到所需的技术要求。

建筑设备监控系统安装工作一般由施工企业的安装人员完成。安装人员根据不同环境的技术要求，完成建筑设备监控系统安装工作，确保建筑设备监控系统能够实现对建筑物机电设备的远程监测与控制功能。具体流程如下：

1. 从项目经理处领取任务单，根据客户和项目经理提出的要求，勘查施工现场，制订工作计划，正确选择安装的设备、工具、材料，以独立或合作形式完成系统安装。

2. 工作过程中若遇到计划无法实施、设备损坏等问题，及时与项目经理进行沟通，并提交解决方案。

3. 安装完成后，按照任务单要求，调整设备安装角度，设置设备参数，确保系统安装符合工艺要求且达到测量精度要求。

4. 系统安装后进行自检，运行正常后，清理施工现场，填写系统安装记录单、竣工报告、材料移交清单并交付项目经理验收，验收合格后交付使用。

工作过程中，施工人员应严格执行有关标准，包括《建筑设备管理系统设计与安装》（图集编号19X201）、《建筑设备监控系统设计与安装》（图集编号03X201-2）、《低压电气装置 第6部分：检验》（GB/T 16895.23—2020）、《智能建筑工程施工规范》（GB 50606—2010）、《建筑设备监控系统工程技术规范》（JGJ/T 334—2014）、《建筑电气工程施工质量验收规范》（GB 50303—2015）等，遵守"7S"管理制度、企业质量管理制度、安全生产制度、文明施工制度等规定，恪守从业人员的职业道德。

工作内容分析

工作对象：	工具、材料、设备与资料：	工作要求：
1. 任务单的领取和阅读，安装标准和工艺要求的确定。 2. 建筑设备监控系统安装现场勘查，现场施工进度及安装环境、设备安装位置的确定，安装工具的确认，工作计划的制订，工具、材料及设备的准备。 3. 建筑设备监控系统设备的安装与接线。 4. 建筑设备监控系统设备安装角度调整、参数设置，系统安装记录单的填写。 5. 系统安装质量的自检，竣工报告的填写。 6. 现场的清理，工具、设备的归还，资料的归档。	1. 工具 冲击钻、手电钻、角磨机、电锯、电动扳手、螺钉旋具、斜口钳、剥线钳、压线钳、卷尺、铆钉枪、钢锯、线号机等工具。 压力表、万用表、水平仪、网络测试仪、手持温湿度测量仪等仪器仪表。 2. 材料 卡轨、端子排、膨胀螺钉、自攻螺钉、冲击钻头、焊锡丝、扎带、胶带、热缩管、防水胶布、松香、各种线材等。 3. 设备 供配电监控系统设备，如电流变送器、电压变送器、功率因数变送器、有功功率变送器、智能电表等。 照明监控系统设备，如LED灯驱动器、LED灯、光照度传感器、红外探测器、声控开关等。 暖通空调监控系统设备，如温湿度传感器、水温传感器、压差开关、冷冻开关、电动风阀、电动水阀、电动蒸汽阀、空气质量传感器等。 给水排水监控系统设备，如PLC控制器、压力传感器、流量传感器、水流开关、电动蝶阀、电动水阀等。 4. 资料 安全操作规程、系统图、平面图、安装大样图、控制柜电气原理图、监控点位表、相关技术手册及有关标准、工艺文件等。 **工作方法：** 1. 关键词检索法 2. 五要素识图法 3. 工作现场沟通法 4. 甘特图法 5. 核检表法 6. 标签制作方法（缠绕法、卡线法） 7. 线缆整理方法（扎带法、魔术贴法） 8. 仪表检测法	1. 与项目经理有效沟通，准确理解工作内容及工作要求。具备信息检索能力，养成规范意识。 2. 全面认知现场，工作计划可实施。依照施工图选择安装点位，点位符合现场要求。正确选择安装的设备、工具、材料。 3. 各系统安装符合有关标准及企业相关规定。 4. 设备角度调整、参数设置符合设备功能及精度要求，记录单填写准确、系统、规范。 5. 自检符合有关标准及企业相关规定，竣工报告准确、系统、规范。 6. 遵守"7S"管理制度，工具、资料核查准确，归还手续齐全。资料按照企业相关管理制度归档。 7. 严格执行有关标准、规范，遵守企业相关制度规定，恪守职业道德。

	9. 模拟检测法	
	10. 档案整理五步法	
	劳动组织方式：	
	1. 领取任务单。	
	2. 安装人员与现场技术人员沟通。	
	3. 选择并领取设备、工具、材料、资料。	
	4. 以独立或合作方式完成设备安装。	
	5. 自检合格后交付项目经理验收。	
	6. 归还工具，将资料归档。	

课程目标

学习完本课程后，学生应当能胜任建筑设备监控系统安装的工作，包括供配电监控系统安装、照明监控系统安装、暖通空调监控系统安装、给水排水监控系统安装等工作；应具备相应的通用能力、职业素养和思政素养。具体包括：

1. 能够阅读任务单，采用五要素识图法读懂建筑设备监控系统施工图，采用关键词检索法查阅《智能建筑工程施工规范》（GB 50606—2010）等相关标准，确定工作内容、工期、现场安装标准和工艺要求，确保任务内容及要求解读全面、准确、清晰；具备简单信息检索能力，养成规范意识。

2. 能够按照任务要求，根据建筑设备监控系统施工图，结合现场施工进度及安装环境，完成设备安装位置及安装工具的确认，使用甘特图完成工作计划的制订及设备、工具、材料领用单的填写，确保工作计划清晰、可实施，设备安装位置合理且不影响设备测量精度，设备、工具、材料领用单全面、准确、清晰；具有沟通与表达能力、交往与合作能力，具备成本控制意识及时间控制意识。

3. 能按照任务要求，依据施工图、设备说明书，结合现场情况，规范使用安装工具，使用核检表法，通过小组合作完成建筑设备监控系统安装及接线工作，确保安装符合工艺要求，且位置不影响设备功能的实现；具备沟通与表达能力、合作能力、按照计划执行的自我管理能力及自主学习能力，具有安全规范操作意识、质量意识、节约意识，以及精益求精的工匠精神。

4. 能正确使用工具，确认设备供电及接地良好，通电后完成设备安装角度的调整及设备参数的设置，确保调整后设备实现功能且达到测量精度要求；作业过程中填写系统安装记录单，具有交流与合作的能力以及不带电操作的安全责任意识，具备认真严谨的工作态度及精益求精的工匠精神。

5. 能按照任务要求、设备说明书及《智能建筑工程质量验收规范》（GB 50339—2013）等验收规范，采用模拟检测法完成建筑设备监控系统安装成果自检与调整，确保系统安装符合工艺要求，设备实现功能且达到测量精度要求；具有责任意识、诚实守信的职业道德，精益求精的工匠精神。

6. 能按照"7S"管理制度，通过小组合作完成工具等的归还及现场清理；使用档案整理五步法完成建筑监控系统安装成果及技术资料交付验收，办理相关移交手续，确保技术资料齐全且完善；完成工作总结汇报；具备沟通交流能力、技术资料保密的责任意识。

学习内容

本课程主要学习内容包括：

一、任务解读

1. 实践知识

（1）建筑设备监控系统设备产品手册的识读。

（2）建筑设备施工图的识读。

（3）设备安装任务单的识读。

（4）现场安装标准和工艺要求的确定。

2. 理论知识

（1）建筑设备监控系统的概念、组成、架构、作用。

（2）供配电监控系统的功能、组成。

（3）暖通空调监控系统的功能、组成。

（4）照明监控系统的功能、组成。

（5）给水排水监控系统的功能、组成。

（6）传感器、执行器、控制器、中央控制站的概念、功能。

（7）《建筑设备管理系统设计与安装》（图集编号 19X201）中"常用图形符号"，《智能建筑工程施工规范》（GB 50606—2010）中"12. 建筑设备监控系统"部分内容，《建筑电气工程施工质量验收规范》（GB 50303—2015），《建筑设备监控系统工程技术规范》（JGJ/T 334—2014）有关安装、验收部分内容，《建筑电气工程施工质量验收规范》（GB 50303—2015）有关电缆敷设、电缆头制作、导线连接等部分的内容。

二、建筑设备监控系统安装工作计划的制订

1. 实践知识

（1）工作现场的沟通。

（2）建筑设备监控系统安装现场的勘查，各设备安装位置的确定。

（3）建筑设备监控系统设备品牌、数量、型号等的确定。

（4）施工工具类型，材料型号、数量等的选择。

（5）建筑设备监控系统安装工作计划的制订。

2. 理论知识

（1）工具、材料、设备领用单的组成要素。

（2）供配电监控系统各设备的分类、结构、作用、使用场合。

（3）照明监控系统各设备的分类、结构、作用、使用场合。

（4）暖通空调监控系统各设备的分类、结构、作用、使用场合。

（5）给水排水监控系统各设备的分类、结构、作用、使用场合。

（6）线缆的规格和作用。

（7）控制器的分类、结构、作用。

（8）数字量、模拟量的概念。

（9）网关的定义、结构、作用。

三、建筑设备监控系统的安装、接线

1. 实践知识

（1）施工图、项目图、系统图、监控原理图的识读。

（2）控制柜箱体的安装，设备产品手册的识读。

（3）供配电监控系统设备的安装。

（4）照明监控系统设备的安装。

（5）暖通空调监控系统设备的安装。

（6）给水排水监控系统设备的安装。

（7）电力线缆、通信线缆的敷设。

（8）智能照明控制柜、DDC 控制器、PLC 控制器的配盘及安装。

2. 理论知识

（1）供配电监控系统设备的安装要点及注意事项、工作原理。

（2）照明监控系统设备的安装要点及注意事项、工作原理。

（3）暖通空调监控系统设备的安装要点及注意事项、工作原理。

（4）给水排水监控系统设备的安装要点及注意事项、工作原理。

（5）PLC 控制器、DDC 控制器、智能照明继电器模块的工作原理。

（6）核检表法。

四、设备安装角度调整、参数设置及功能自检

1. 实践知识

（1）供配电监控系统、照明监控系统、暖通空调监控系统、给水排水监控系统设备参数设置。

（2）风压测试仪、手持温湿度测量仪、照度计的使用（采用仪表检测法检测模拟量传感器的测量精度）。

（3）系统设备安装记录单的填写。

2. 理论知识

（1）供配电监控系统设备的性能参数。

（2）照明监控系统设备的性能参数。

（3）暖通空调监控系统设备的性能参数。

（4）给水排水监控系统设备的性能参数。

（5）风压测试仪、手持温湿度测量仪、照度计的功能。

（6）系统设备安装记录单的组成要素。

五、现场清理、工具设备归还与资料归档

1. 实践知识

（1）现场的清理。

（2）工具设备的归还。

（3）技术资料的整理、交付、归档。

2. 理论知识

（1）"7S"管理制度。

（2）交付的技术资料内容及要求。

（3）档案整理五步法（组件、分类、排列、编号、编目）。

六、通用能力、职业素养和思政素养

自主学习、自我管理、信息检索、理解与表达、交往与合作、创新思维、解决问题等通用能力，安全意识、质量意识、规范意识、效率意识、成本意识、环保意识、市场意识、服务意识等职业素养，以及劳模精神、劳动精神、工匠精神等思政素养。

参考性学习任务

序号	名称	学习任务描述	参考学时
1	供配电监控系统安装	某小型写字楼拟进行供配电监控系统建设，要求按照任务单中的要求，根据设备清单及项目图纸制订工作计划，完成供配电监控系统安装。 学生作为施工人员，完成以下操作： （1）领取任务单，根据任务要求，勘查建筑设备监控系统工作台，核查被监控设备状态，进行测量后结合任务单中的设备清单，分析列出各类线缆型号、规格、数量及工具清单，并正确选择、领取。 （2）接受安装前的安全教育并做好安全防护，检查待安装设备并确定其安装位置。 （3）按照工作计划，严格执行有关标准、行业规范及相关管理制度，按照图纸完成系统安装任务。 （4）在确认设备供电及接地良好后，完成设备安装角度的调整及设备参数的设置，作业过程中规范填写系统设备安装记录单。 （5）依据有关标准、行业规范，按照图纸，小组进行自检或互检、调整，最后总结汇报，交由质检人员验收。 在任务实施过程中，学生应严格执行"7S"管理制度、安全生产制度等规定，严格按照相关标准及规范进行施工，同时养成积极、认真、严谨的工作态度和诚实守信的职业道德，具有安全规范意识、质量意识、节约意识，具备任务分析理解能力、有效沟通能力。	40

| 2 | 照明监控系统安装 | 某社区医院拟进行照明监控系统建设，要求按照任务单中的要求，根据设备清单及项目图纸，制订工作计划，完成照明监控系统安装。

学生作为施工人员，完成以下操作：

（1）领取任务单，根据任务要求，勘查建筑设备监控系统工作台，核查被监控设备状态，进行测量后结合任务单中的设备清单，分析列出各类线缆型号、规格、数量及工具清单，并正确选择、领取。

（2）接受安装前的安全教育并做好安全防护，检查待安装设备并确定其安装位置。

（3）按照工作计划，严格执行有关标准、行业规范及相关管理制度，按照图纸完成系统安装任务。

（4）在确认设备供电及接地良好后，完成设备安装角度的调整及设备参数的设置，作业过程中规范填写系统设备安装记录单。

（5）依据有关标准、行业规范，按照图纸，小组进行自检或互检、调整，最后总结汇报，交由质检人员验收。

在任务实施过程中，学生应严格执行"7S"管理制度、安全生产制度等规定，严格按照相关标准及规范进行施工，同时养成吃苦耐劳、认真严谨的工作态度和诚实守信的职业道德，具有安全规范意识、质量意识、节能环保意识，具备任务分析理解、有效沟通、清晰表达的能力。 | 48 |
| 3 | 暖通空调监控系统安装 | 某小型写字楼拟进行暖通空调监控系统建设，要求按照任务单中的要求，根据设备清单及项目图纸制订工作计划，完成暖通空调监控系统安装。

学生作为施工人员，完成以下操作：

（1）领取任务单，根据任务要求，勘查建筑设备监控系统工作台，核查被监控设备状态，进行测量后结合任务单中设备清单，分析列出各类线缆型号、规格、数量及工具清单，并正确选择、领取。

（2）接受安装前的安全教育并做好安全防护，检查待安装设备并确定其安装位置。

（3）按照工作计划，严格执行有关标准、行业规范及相关管理制度，按照图纸完成系统安装任务。

（4）在确认设备供电及接地良好后，完成设备安装角度的调整及设备参数的设置，作业过程中规范填写系统设备安装记录单。

（5）依据有关标准、行业规范，按照图纸，小组进行自检或互检、调整，最后总结汇报，交由质检人员验收。 | 80 |

3	暖通空调监控系统安装	在任务实施过程中，学生应严格执行"7S"管理制度、安全生产制度等规定，严格按照相关标准及规范进行施工，同时养成积极、吃苦耐劳、认真严谨的工作态度和诚实守信的职业道德，具有安全规范意识、质量意识、环保意识，具备任务分析理解、有效沟通、清晰表达的能力。	
4	给水排水监控系统安装	某智能小区拟进行给水排水监控系统建设，要求按照任务单中的要求，根据设备清单及项目图纸制订工作计划，完成给水排水监控系统安装。 学生作为施工人员，完成以下操作： （1）领取任务单，根据任务要求，勘查建筑设备监控系统工作台，核查被监控设备状态，进行测量后结合任务单中设备清单，分析列出各类线缆型号、规格、数量及工具清单，并正确选择、领取。 （2）接受安装前的安全教育并做好安全防护，检查待安装设备并确定其安装位置。 （3）按照工作计划，严格执行有关标准、行业规范及相关管理制度，按照图纸完成系统安装任务。 （4）在确认设备供电及接地良好后，完成设备安装角度的调整及设备参数的设置，作业过程中规范填写系统设备安装记录单。 （5）依据有关标准、行业规范，按照图纸，小组进行自检或互检、调整，最后总结汇报，交由质检人员验收。 在任务实施过程中，学生应严格执行"7S"管理制度、安全生产制度等规定，严格按照相关标准及规范进行施工，同时养成积极、吃苦耐劳、认真严谨的工作态度和诚实守信的职业道德，具有安全规范意识、质量意识、节约意识，具备任务分析理解、有效沟通、清晰表达、简单总结汇报的能力。	48

教学实施建议

1. 师资

授课教师应具备建筑设备监控系统安装相关实践经验，能独立或合作完成相关工学一体化课程教学设计与实施、工学一体化课程教学资源的选择与应用。

2. 教学组织方式方法

采用行动导向的教学方法。为确保教学安全，增强教学效果，建议采用分组教学的方式（4~5人/组），参与教学的班级人数不超过35人。在学生完成工作任务的过程中，教师须加强示范与指导，注重学生职业素养和规范操作习惯的培养。

教师在讲授或演示教学中，应借助多媒体教学设备，配备丰富的多媒体课件和相关教学辅助设备。

3. 工具、材料与设备

（1）材料按人配置

卡轨、端子排、膨胀螺钉、自攻螺钉、冲击钻头、焊锡丝、扎带、胶带、热缩管、防水胶布、松香、各种线材等。

（2）工具、设备按组配置

工具：冲击钻、手电钻、角磨机、电锯、电动扳手、螺钉旋具、斜口钳、剥线钳、压线钳、卷尺、铆钉枪、钢锯、线号机等。

压力表、万用表、水平仪、网络测试仪、手持温湿度测量仪等仪器仪表。

设备：供配电监控系统设备，如电流变送器、电压变送器、功率因数变送器、有功功率变送器、智能电表等；照明监控系统设备，如 LED 灯驱动器、LED 灯、光照度传感器、红外探测器、声控开关等；暖通空调监控系统设备，如温湿度传感器、水温传感器、压差开关、冷冻开关、电动风阀、电动水阀、电动蒸汽阀、空气质量传感器等；给水排水监控系统设备，如 PLC 控制器、压力传感器、流量传感器、水流开关、液位开关、电动蝶阀、电动水阀等。

4. 教学资源

（1）教学场地

建筑设备监控系统一体化学习工作站须具备良好的安全、照明和通风条件，可分为集中教学区、分组教学区、信息检索区、工具存放区、材料存放区和成果展示区，并配备相应的多媒体教学设备，面积以至少能同时容纳 35 人开展教学活动为宜。

（2）教学资料

以工作页为主，配备相关信息页、电工安全操作规程、系统图、平面图、安装大样图、监控柜电气原理图、监控点位表、相关技术手册、有关标准、有关技术规范等。

5. 教学管理制度

执行工学一体化教学场所的管理规定。如需要进行校外认识实习和岗位实习，应严格遵守生产性实训基地管理制度、企业实习管理制度。

教学考核要求

采用过程性考核与终结性考核相结合的方式。

1. 过程性考核

采用自我评价、小组评价和教师评价相结合的方式进行考核，让学生学会自我评价。教师要观察学生的学习过程，结合学生的自我评价、小组评价进行总评，并提出改进建议。

（1）课堂考核

考核出勤、学习态度、课堂纪律、小组合作与展示等情况。

（2）作业考核

考核工作页的完成、成果展示、课后练习等情况。

（3）阶段考核

书面测试、实操测试、口述测试。

2. 终结性考核

应围绕本课程目标，结合课程终结性考核要点，选择企业真实工作任务或设计学习任务进行终结性考核。

学生应根据任务要求，核对所提供的工具、设备、材料、资料等，编写设备安装工作计划，在规定的时间内独立完成建筑设备监控系统安装及自检，安装结果符合工艺要求且达到测量精度要求。

考核任务案例：模拟场地建筑设备监控系统的安装

【情境描述】

某智能楼宇物业公司开展工程技术部人员技能竞赛，要求参赛人员在规定时间内完成供配电监控系统、照明监控系统、暖通空调监控系统、给水排水监控系统中部分设备的安装与接线。各系统安装的设备由裁判在比赛前30分钟抽签决定，但设备必须涵盖供配电监控系统、照明监控系统、暖通空调监控系统、给水排水监控系统四个系统，同时设备类型必须涵盖数字量传感器、模拟量传感器、数字量执行器、模拟量执行器、控制器。

【任务要求】

1. 建筑设备监控系统各设备的安装位置及工艺符合《智能建筑工程施工规范》（GB 50606—2010）、《建筑设备监控系统工程技术规范》（JGJ/T 334—2014）、《建筑电气工程施工质量验收规范》（GB 50303—2015）中设备安装的相关规定及验收标准。

2. 设备接线满足《低压电气装置 第6部分：检验》（GB/T 16895.23—2020）及企业有关电气装置安装、接线的工艺要求。

3. 在确保质量的前提下，要求在6 h内完成所有设备的安装与接线，并进行安装角度的调整及设备参数的设置，以确保设备安装符合工艺要求及测量精度要求。

4. 本任务将产生以下结果：

（1）根据情境描述与任务要求，列出与组长沟通的要点，明确工作任务与要求。

（2）勘查作业现场，记录现场测量数据，列出包括线缆型号、规格、数量以及安装工具的清单，并根据任务制订工作计划。

（3）正确选择设备、工具、材料后，按照工作计划，完成建筑设备监控系统安装，并调整设备安装角度，设置设备参数，填写系统设备安装记录单。

（4）总结本次工作中遇到的问题，思考解决方法。

【参考资料】

完成上述任务时，可以使用常见的教学资源，如工作页、信息页、设备说明书、技术标准、技术规程、个人笔记及数字化资源等。

（八）网络通信系统配置与维护课程标准

工学一体化课程名称	网络通信系统配置与维护	基准学时	180

典型工作任务描述

网络通信系统的配置与维护是指技术人员依据有关标准及施工规范，完成有线网络系统配置、无线网络系统配置、有线电视用户分配网配置等工作。配置完成后，清除系统运行故障和错误，同时满足客户提出的要求，对系统进行局部更新，以达到所需的技术要求。

技术人员在完成工作区网络通信设备安装工作后，根据设计功能要求，完成网络通信系统配置，实现工作区有线网络、无线网络、有线电视等的正常通信。具体流程如下：

1. 从项目经理处领取任务单，根据客户和项目经理提出的要求，检查施工现场，制订工作计划，正确选择安装和调试所需的设备、工具、材料。

2. 技术人员首先按照安装施工图检查工作区网络通信设备与管理间网络设备的连接情况。然后按照产品手册和系统功能要求，使用便携式计算机对网络通信设备进行参数设置和功能设置，按照产品手册完成系统调试运行，监测各通信数据、策略设置是否正常，对出现的故障进行排查。

3. 系统运行正常后，技术人员填写设备安装调试记录单，清理施工现场，交付项目经理验收。

4. 在工作过程中，如发现现场环境与施工图不符、设备损坏等问题，及时与项目经理进行沟通，并提交解决方案。

工作过程中，技术人员应严格执行有关标准，包括《公用计算机互联网工程设计规范》（YD/T 5037—2005）、《公用计算机互联网工程验收规范》（YD/T 5070—2005）、《有线接入网设备安装工程设计规范》（YD/T 5139—2019）、《有线接入网设备安装工程验收规范》（YD/T 5140—2005）、《通信线路工程设计规范》（GB 51158—2015）、《通信线路工程验收规范》（GB 51171—2016）、《有线电视网络工程设计标准》（GB/T 50200—2018）等，遵守各类管理制度，有效协调沟通，主动发现并独立分析、解决问题，恪守从业人员的职业道德。

工作内容分析

工作对象：	工具、材料、设备与资料：	工作要求：
1. 任务单的领取和阅读，工作要求的确定。 2. 施工现场的检查，工作计划的制订，工具、材料及设备的准备。 3. 网络通信系统的功能设置。	1. 工具 螺钉旋具、钢卷尺、打线钳、剥线钳、压线钳、梯子、计算机、线缆、网络测试仪、安全防护用品等。 2. 材料 自攻螺钉、焊锡丝、扎带、胶带、热缩管、绝缘胶布、水晶头、松香、各种线材等。 3. 设备 便携式计算机（装有平台软件）、标准机柜、交换机、路由器、配线架等。	1. 与项目经理有效沟通，准确理解工作内容及工作要求。 2. 全面认知施工现场，施工现场环境要符合《综合布线系统工程验收规范》（GB/T 50312—2016）要求，工作计划可实施，设备功能参数、调试操作方法符合任务要求

4. 网络通信系统的调试、故障排除与维护。 5. 配置维护记录单的填写。 6. 现场的清理，工具、设备的归还，资料的归档。	4. 资料 　　任务单、产品手册、安装调试记录单，《公用计算机互联网工程设计规范》（YD/T 5037—2005）、《公用计算机互联网工程验收规范》（YD/T 5070—2005）、《有线接入网设备安装工程设计规范》（YD/T 5139—2019）、《有线接入网设备安装工程验收规范》（YD/T 5140—2005）、《通信线路工程设计规范》（GB 51158—2015）、《通信线路工程验收规范》（GB 51171—2016）、《有线电视网络工程设计标准》（GB/T 50200—2018）、《综合布线系统工程设计规范》（GB 50311—2016）、《综合布线系统工程验收规范》（GB/T 50312—2016）等有关标准，企业质量管理制度、安全生产制度、文明施工制度等。 **工作方法：** 1. 关键词检索法 2. 五要素识图法 3. 管理间网络设备安装方法（卡装固定法、螺钉固定法） 4. 标签制作方法（缠绕法、卡线法） 5. 线缆整理方法（扎带法、魔术贴法） 6. 设备调试方法（离线调试法、在线调试法） 7. IP地址配置方法 8. 分级测试数据走向排除故障法 **劳动组织方式：** 1. 领取任务单。 2. 与小组成员勘查现场。 3. 领取设备、工具、材料。 4. 与小组成员完成设备安装、连接、调试。 5. 合格后交付项目经理验收。 6. 归还设备、工具及材料，将资料归档至项目经理处。	及有关标准规定，按照施工文件正确选择所用工具、材料等。 3. 安装位置与线缆连接应符合图纸要求，并符合有关标准规定及现场要求。网络配置满足功能需要。 4. 网络通信系统调试、故障排查符合有关标准规定，监测数据准确。 5. 记录单填写系统，专业术语准确。遵守"7S"管理制度，工具、资料核查准确，归还手续齐全，资料归档规范有序。 6. 严格执行有关标准、规范，遵守企业相关制度规定，恪守职业道德。

课程目标

　　学习完本课程后，学生应当能胜任网络通信系统配置与维护工作，包括有线网络系统配置与维护、无线网络系统配置与维护、有线电视用户分配网配置与维护等工作；应具备相应的通用能力、职业素养和思政素养。具体包括：

1. 能阅读配置调试任务单，正确解读产品手册的内容，正确确认系统的调试方式，明确调试工作任务和配置调试要求；具备自我学习能力、信息检索能力。

2. 能检查配置调试施工现场，按照施工图、《综合布线系统工程验收规范》（GB/T 50312—2016）检查网络通信设备的安装位置和连接情况，按任务单制订工作计划，并正确选择、领取配置、维护所用的设备、工具、材料等；具备交往与合作能力、理解与表达能力、工程系统化思维，具有时间意识。

3. 能依据任务要求，根据网络通信设备说明书和施工文件，结合现场情况，规范使用配置调试工具，通过小组合作对工作区网络通信设备进行参数设置和功能设置，包括虚拟局域网的划分、远程连接、静动态路由设置、DNS 设置、DHCP 设置、无线控制设置、访问控制列表设置、有线电视频道设置等；具备理解与表达能力、交往与合作能力、自我管理能力、解决问题能力，具有时间意识、效率意识、审美素养，培养劳动精神、工匠精神。

4. 能对网络通信系统功能进行调试，监测各通信数据、策略设置是否正常，发现并处理故障；具备理解与表达能力、交往与合作能力、解决问题能力，培养严谨工作态度、劳动精神、工匠精神。

5. 能系统、准确填写设备安装、配置记录单；按照相关管理规定，清理现场并归还工具，遵守"7S"管理制度；能完成技术资料交付及验收工作；具备交往与合作能力、总结提升能力，培养工匠精神。

学习内容

本课程主要学习内容包括：

一、任务解读

1. 实践知识

（1）网络通信系统配置调试任务单的识读（明确安装调试内容、设备清单、材料清单、工具清单，调试结果要求等）。

（2）网络通信设备产品手册识读（系统配置与维护部分）。

2. 理论知识

（1）有线网络系统、无线网络系统、有线电视系统等系统的功能、分类、设置、维护要求。

（2）有关标准中的相关内容，包括《公用计算机互联网工程设计规范》（YD/T 5037—2005）第 2、3、4、5、6、12、15 章，《公用计算机互联网工程验收规范》（YD/T 5070—2005）第 2、3、4、5 章，《有线接入网设备安装工程设计规范》（YD/T 5139—2019）第 2、4、5、7 章，《有线接入网设备安装工程验收规范》（YD/T 5140—2005）第 2、3、4、5 章，《通信线路工程设计规范》（GB 51158—2015），《通信线路工程验收规范》（GB 51171—2016），《有线电视网络工程设计标准》（GB/T 50200—2018），《综合布线系统工程设计规范》（GB 50311—2016），《综合布线系统工程验收规范》（GB/T 50312—2016）。

二、施工准备

1. 实践知识

（1）现场的勘查（了解安装位置、现场环境等），网络通信设备安装位置和连接情况的核查。

（2）甘特图的绘制（利用便携式计算机）。

（3）有线网络系统、无线网络系统、有线电视系统等系统设备的数量、型号、功能参数的核对。

（4）配置维护工具类型以及材料型号、数量的核对。

2. 理论知识

（1）有线网络系统、无线网络系统、有线电视系统等系统设备的功能参数及型号。

（2）网络体系结构的概念，网络协议的概念，IP、子网掩码、网关的概念、功能及相互关系。

（3）子网掩码的计算原理。

（4）命令行的功能与作用。

（5）VLAN、Trunk、Telnet、DNS、DHCP、静动态路由的概念与功能。

（6）传输速率的概念。

三、网络通信系统的功能设置

1. 实践知识

有线网络系统、无线网络系统、有线电视系统等系统的策略设置（虚拟局域网的划分、传输速率限制、远程连接设置、协议封装、静动态路由设置、DNS 设置、DHCP 设置、无线控制设置、MAC 地址绑定设置、访问控制列表设置、有线电视频道设置等）。

2. 理论知识

（1）网络通信系统策略设置内容，如虚拟局域网的划分原则、传输速率限制策略、远程连接设置参数、协议封装原则、静动态路由设置参数、DNS 设置参数、DHCP 设置参数、无线控制设置参数、MAC 地址绑定设置参数、访问控制列表设置参数、有线电视频道设置参数等。

（2）作业现场安全注意事项。

四、网络通信系统的调试、故障排除与维护

1. 实践知识

（1）网络通信系统的调试（采用离线调试法）。

（2）网络通信系统的调试（采用在线调试法）。

（3）通信数据的检测，网络通信系统异常状态的检查与常见故障处理，网络通信系统突发问题的处理。

2. 理论知识

（1）设备离线调试法、设备在线调试法。

（2）IP 地址配置方法。

（3）分级测试数据走向排除故障法。

（4）网络通信系统主要功能设置参数类别。

（5）网络通信系统功能设置调试流程。

（6）IP 地址配置原理。

（7）网络通信系统通过分级测试数据走向排除故障的步骤。

（8）常用网络故障排除命令，如"ipconfig""ipconfig /all""ping""nslookup""tracert –d""arp –a"等。

五、记录单填写、现场清理与交付验收

1. 实践知识

（1）系统配置维护记录单的规范填写。

（2）施工现场的清理，调试工具的归还，施工文件的归档。

2. 理论知识

（1）系统配置维护记录单的组成要素。

（2）"7S"管理制度。

（3）工程交付的内容及交付要求。

六、通用能力、职业素养和思政素养

自主学习、自我管理、信息检索、理解与表达、交往与合作、创新思维、解决问题等通用能力，安全意识、质量意识、规范意识、效率意识、成本意识、环保意识、市场意识、服务意识等职业素养，以及劳模精神、劳动精神、工匠精神等思政素养。

参考性学习任务			
序号	名称	学习任务描述	参考学时
1	有线网络系统配置与维护	某企业为了提高办公效率，实现资源共享，需要组建一小型有线办公网络。前期已完成交换机、路由器、防火墙、服务器等网络设备以及网络扫描仪、网络打印机等外围设备的安装调试工作，现需实现虚拟局域网的划分、传输速率限制、远程连接设置、静动态路由设置、DHCP 设置、DNS 域名解析等功能。 　　学生作为施工人员，完成以下操作： 　　（1）领取任务单，与教师沟通以明确需求，勘查现场。 　　（2）根据教师提供的项目相关图纸、设备说明书、配置手册等材料制订工作计划，准备施工工具、平台软件及辅助材料。 　　（3）严格按照有关标准、规范完成有线网络系统管理间设备的安装、端接工作。 　　（4）对网络系统进行功能设置，监测各通信数据、设置策略是否正常，对出现的故障进行排查并解决。 　　（5）在确认系统各功能正常后，进行操作现场的清理、设备和工具的保养，填写移交清单、系统运行记录单、自检记录单、竣工报告并交付教师验收。 　　（6）在系统配置过程中若遇到计划无法实施、系统设备之间不兼容等问题，及时与教师沟通解决。	90

1	有线网络系统配置与维护	任务实施过程中，学生应严格执行有关标准，包括《公用计算机互联网工程验收规范》（YD/T 5070—2005）、《有线接入网设备安装工程验收规范》（YD/T 5140—2005）、《通信线路工程验收规范》（GB 51171—2016）、《综合布线系统工程验收规范》（GB/T 50312—2016）等，遵守企业质量管理制度、安全生产制度、文明施工制度等规定，恪守从业人员的职业道德。	
2	无线网络系统配置与维护	某单位办公室需要组建无线局域网，实现全区域、无缝的局域网信号覆盖。前期已完成无线路由器、无线接入点、无线控制器等设备的安装调试工作，现需实现无线 MAC 地址绑定、登录权限限制、传输速率限制、无线控制等功能。 学生作为施工人员，完成以下操作： （1）领取任务单，与教师沟通以明确需求，勘查现场。 （2）根据教师提供的项目相关图纸、设备说明书、配置手册等材料制订工作计划，准备施工工具、平台软件及辅助材料。 （3）严格按照有关标准、规范完成无线网络系统管理间设备的安装、端接工作。 （4）对无线网络系统进行功能设置，监测无线网络通信数据是否正常，并进行相关设备常见故障的排查。 （5）在确认系统各功能正常后，进行操作现场的清理、设备和工具的保养，填写移交清单、系统运行记录单、自检记录单、竣工报告并交付教师验收。 （6）在系统配置过程中若遇到计划无法实施、系统设备之间不兼容等问题，及时与教师沟通解决。 任务实施过程中，学生应严格执行有关标准，包括《信息技术　系统间远程通信和信息交换　局域网和城域网　特定要求　面向视频的无线个域网（VPAN）媒体访问控制和物理层规范》（GB/T 37020—2018）、《通信线路工程验收规范》（GB 51171—2016）、《综合布线系统工程验收规范》（GB/T 50312—2016）等，遵守企业质量管理制度、安全生产制度、文明施工制度等规定，恪守从业人员的职业道德。	60
3	有线电视用户分配网配置与维护	某办公楼需要搭建一套有线电视用户分配网，改善办公环境和工作体验。前期已完成分配器、分支器、分配放大器、用户终端盒、机顶盒等设备的安装调试工作，现需完成有线电视频道设置、功能设置等任务。 学生作为施工人员，完成以下操作： （1）领取任务单，与教师沟通以明确需求，勘查现场，根据教师提供的相关图纸、设备说明书、配置手册等材料制订工作计划，准备对应工具及辅助材料。	30

3	有线电视用户分配网配置与维护	（2）严格按照有关标准、规范及教师要求完成有线电视用户分配网管理间设备的安装、端接工作。 （3）对有线电视网络系统进行功能设置，监测各通信数据、终端电平是否正常，并进行分配网常见故障的排查。 （4）在确认系统正常运行后，进行操作现场的清理、设备和工具的保养，填写移交清单、系统运行记录单、自检记录单、竣工报告并交付教师验收。 （5）在配置过程中若遇到计划无法实施、设备之间不兼容等问题，及时与教师沟通解决。 任务实施过程中，学生应严格执行有关标准，包括《公用计算机互联网工程验收规范》（YD/T 5070—2005）、《有线电视网络工程设计标准》（GB/T 50200—2018）、《综合布线系统工程验收规范》（GB/T 50312—2016）等，遵守企业质量管理制度、安全生产制度、文明施工制度等规定，恪守从业人员的职业道德。	

教学实施建议

1. 师资

授课教师应具备网络通信系统配置与维护相关实践经验，并能够独立或合作完成相关工学一体化课程教学设计与实施、工学一体化课程教学资源的选择与应用。

2. 教学组织方式方法

采用行动导向的教学方法。为确保教学安全，增强教学效果，建议采用分组教学的方式（4~6人/组），参与教学的班级人数不超过35人。在学生完成工作任务的过程中，教师须加强示范与指导，注重学生职业素养和规范操作习惯的培养。

教师在讲授或演示教学中，应借助多媒体教学设备，配备丰富的多媒体课件和相关教学辅助设备。

3. 工具、材料与设备

（1）工具

螺钉旋具、钢卷尺、打线钳、剥线钳、压线钳、梯子、计算机、线缆、网络测试仪、安全防护用品等。

（2）材料

自攻螺钉、焊锡丝、扎带、胶带、热缩管、绝缘胶布、水晶头、松香、各种线材等。

（3）设备

便携式计算机（装有平台软件）、标准机柜、交换机、路由器、配线架等。

4. 教学资源

（1）教学场地

网络通信系统配置与维护工学一体化学习工作站须具备良好的安全、照明和通风条件，可分为集中教学区、分组教学区、信息检索区、工具存放区、材料存放区和成果展示区，并配备相应的多媒体教学设备，面积以至少能同时容纳35人开展教学活动为宜。

（2）教学资料

以工作页为主，配备相关信息页、任务单、施工图、有关标准、有关规范、安全操作规程、工作联系单、设备说明书等。

5. 教学管理制度

执行工学一体化教学场所的管理规定。如需要进行校外认识实习和岗位实习，应严格遵守生产性实训基地管理制度、企业实习管理制度。

教学考核要求

采用过程性考核与终结性考核相结合的形式。

1. 过程性考核

采用自我评价、小组评价和教师评价相结合的方式进行考核，让学生学会自我评价。教师要观察学生的学习过程，结合学生的自我评价、小组评价进行总评并提出改进建议。

（1）课堂考核

考核出勤、学习态度、课堂纪律、小组合作与展示等情况。

（2）作业考核

考核工作页的完成、成果展示、课后练习等情况。

（3）阶段考核

书面测试、实操测试、口述测试。

2. 终结性考核

应围绕本课程目标，结合课程终结性考核要点，选择企业真实工作任务或设计学习任务进行终结性考核。

学生应根据任务要求，制订网络通信系统配置与维护工作计划，并按照作业规范，在规定时间内完成具体设备的配置与维护任务，调试后的系统功能要符合规定的标准。

考核任务案例：虚拟局域网的配置

【情境描述】

某单位为了提高办公效率，实现资源共享，需要组建一个简单的小型有线办公网络，现安排技术人员对交换机、计算机等设备进行配置，实现虚拟局域网的划分和远程连接。

【任务要求】

按照项目要求，完成网络设备安装，并对系统进行功能设置、验证、故障排除。具体要求如下：

1. 根据情境描述，识读项目施工图，写出安装、配置及调试工作流程。

2. 将服务器、客户机通过网线连接到以太网交换机。

3. 将客户机作为配置计算机，使用 console 配置线连接以太网交换机。

4. 通过超级终端登录以太网交换机。

5. 通过命令配置以太网交换机管理 IP 地址，新增管理账户，启用 WEB 服务并开启远程连接功能。

6. 通过浏览器登录以太网交换机 WEB 管理页面，然后新建 VLAN2、VLAN3，将 1～8 端口划分给 VLAN2，将 9～16 端口划分给 VLAN3，其余端口默认属于 VLAN1，如下图所示。

7. 同一 VLAN 中两台计算机可以相互联通（计算机 IP 属于同一网段）。

8. 不同 VLAN 中的两台计算机不能相互联通（计算机 IP 属于同一网段）。

9. 保存以太网交换机设置。

10. 填写工作记录单，清理现场。

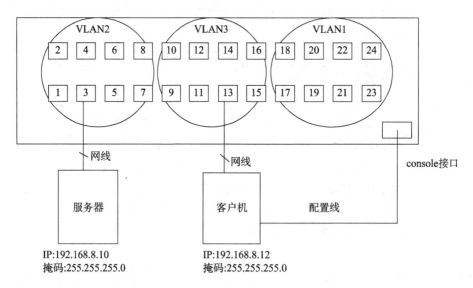

【参考资料】

完成上述任务时，可以使用常见的教学资料，如工作页、信息页、项目方案、元器件技术手册、产品说明书、产品安装手册和相关技术资料等。

（九）火灾报警及消防联动系统检测与维护课程标准

工学一体化课程名称	火灾报警及消防联动系统检测与维护	基准学时	108
典型工作任务描述			

　　火灾报警及消防联动系统检测与维护是确保该系统正常可靠运行的基础。在智能楼宇火灾报警及消防联动系统运行过程中，设备或系统可能会出现各种问题，因此工作人员需要按照任务单要求，依据有关标准及维护技术手册，对火灾报警及消防联动系统进行定期的检测与维护，保证系统能够在正常可靠的状态下运行。

　　火灾报警及消防联动系统检测与维护工作一般由企业的维护人员完成。维护人员对火灾报警探测器、消防设施、消防联动系统进行检测与维护，使用专用工具对系统进行检测，查找故障原因，并依据维修标准和安全规程完成故障的处理。具体流程如下：

　　1. 从项目经理处领取任务单，认真阅读，明确工作内容及工作要求，查阅相关技术手册及标准，依据工艺文件要求、竣工图纸、系统操作说明书及任务要求，熟悉施工现场，确定火灾报警及消防联动系统日常巡视线路、系统检测与维护方式。

2. 领取设备、检测维护工具、仪器仪表及相关材料，在现场悬挂维修标志牌，进行系统巡视、系统检测。如发现系统故障或接到报修信息，可根据产品说明书及相关竣工图纸判断故障类型，进行故障系统或设备拆卸，以及部件检测、更换、维修等工作。

3. 故障排除后进行设备自检并试运行，确保系统恢复正常运行。

4. 填写巡视记录单、检测记录单、故障记录单、维修记录单，并对工作进行记录、评价，将资料归档，将工程交付验收。

在工作过程中，维护人员应严格执行有关标准，包括《建筑消防设施检测技术规程》（XF 503—2004）、《建筑消防设施的维护管理》（GB 25201—2010）、《火灾自动报警系统施工及验收标准》（GB 50166—2019）、《自动喷水灭火系统施工及验收规范》（GB 50261—2017）、《气体灭火系统施工及验收规范》（GB 50263—2007）等相关标准。维护人员应遵守企业质量管理制度、安全生产制度、文明施工制度等规定，恪守从业人员的职业道德。

工作内容分析

工作对象：	工具、设备与资料：	工作要求：
1. 任务单的领取和阅读。 2. 情况的问询，资料的查阅。 3. 设备检测维修工具、仪器仪表及相关材料的选择及领取。 4. 日常运行管理测试。 5. 故障的分析及维修。 6. 现场的清理，工具、设备的归还，资料的归档。	1. 工具 冲击钻、手电钻、角磨机、电锯、电动扳手、水钻、试电笔、螺钉旋具、剥线钳、压线钳、卷尺、消防探测器安装工具等。 万用表、专用火灾报警系统测试仪器、消防探测器测试仪等仪器仪表。 安全帽、防护服、防护口罩、防护眼镜、安全带等防护用品。 2. 设备 感温火灾探测器、感烟火灾探测器、感光火灾探测器、可燃气体探测器、复合型火灾报警探测器、手动火灾报警按钮、声光报警器、排烟风机、防火卷帘控制器、湿式报警阀等。 3. 资料 任务单、竣工图纸、有关标准、有关规范、安全操作规程等。 **工作方法：** 1. 关键词检索法 2. 五要素识图法 3. 资料查阅法	1. 与项目经理有效沟通，准确理解工作内容及工作要求。 2. 向操作使用人员询问设备运行状况、故障现象，查阅系统检测与维护手册，系统、全面地进行检测与维护。 3. 正确选择所需工具。 4. 依据《建筑防烟排烟系统技术标准》（GB 51251—2017）、《火灾自动报警系统施工及验收标准》（GB 50166—2019）、《建筑消防设施的维护管理》（GB 25201—2010）、《建筑消防设施检测技术规程》（XF 503—2004）等标准，进行测试与保养。 5. 如发现异常现象，初步判断异常原因，确定维修方法。准确定位故障点，明确故障原因，制订检修维护计划。

4. 沟通法 5. 记录查询法 6. 测试法 7. 经验法 8. 检测法（功能性检测、联动性检测） 9. 仪表检测法（仪表测量法、仪表测试法） 10. 维护法（传感器清洁法、供水检查法） 11. 替换法（设备替换、线缆替换） 12. 故障排除法（跨接法、直连法、逐级排除法） **劳动组织方式：** 1. 领取任务单。 2. 有效沟通，查阅相关档案资料。 3. 选择并领取检测工具、维修工具、仪器仪表等。 4. 以独立或合作方式进行系统检测，制订检测计划，完成系统检测。 5. 以独立或合作方式分析故障原因，制订维修计划，进行故障处理。 6. 以独立或合作方式进行日常巡视维护，制订维护计划，进行系统维护。 7. 自检合格后恢复系统功能。	6. 规范施工，确保符合相关标准。对系统、设备检修，自检结果良好，运行正常。规范填写故障记录单、维修记录单。 7. 严格执行有关标准、规范，遵守企业相关制度规定，恪守职业道德。

课程目标

学习完本课程后，学生应当能胜任火灾报警及消防联动系统检测与维护工作，包括火灾报警系统检测与维护、防烟排烟系统与防火分隔设施检测与维护、消防灭火系统检测与维护等；应具备相应的通用能力、职业素养和思政素养。具体包括：

1. 能阅读任务单，理解系统图中图形符号的含义，明确工作内容与工作要求；按照《建筑防烟排烟系统技术标准》（GB 51251—2017）、《火灾自动报警系统施工及验收标准》（GB 50166—2019）、《建筑消防设施的维护管理》（GB 25201—2010）、《建筑消防设施检测技术规程》（XF 503—2004）等相关标准进行测试与检修；具备信息检索能力，具有规范意识。

2. 能准确查阅项目竣工报告、系统操作说明书、历史故障记录单、运行管理记录单、检测报告、测试记录等档案，准确查找资料中的有用信息；具备交往与合作能力、理解与表达能力，具有时间意识。

3. 能依据检测与维护要求，根据系统操作说明书、运行管理记录单、检测报告、测试记录等档案资料，正确选择所需工具，做好测试检修前的准备；具备理解与表达能力、交往与合作能力，具有环保意识。

4. 能通过小组合作制订检修计划，按照计划规范操作，严格遵守安全操作规范，分工协作完成火灾报警系统、防烟排烟系统与防火分隔设施、消防灭火系统的检测与维护任务，明确检测维护过程中的故障原因及维修方案，准确定位故障点并进行修复；具备理解与表达能力、交往与合作能力，具有时间意识、安全操作意识，培养劳动精神、工匠精神。

5. 能按照操作规范进行相应的设备自检并试运行，恢复系统功能；能将异常现象、故障原因用文字描述清楚，填入检修记录单中；能利用多媒体设备和专业术语对工作进行记录、评价，将资料归档，将工程交付验收；具备理解与表达能力、交往与合作能力，培养劳动精神、工匠精神。

6. 能规范填写设备安装记录单，按照相关管理规定清理现场并归还工具，遵守"7S"管理制度，完成技术资料交付、验收及汇报；具备交往与合作能力，具有环保意识、工匠精神。

学习内容

本课程主要学习内容包括：

一、任务解读

1. 实践知识

（1）任务单的领取、识读。

（2）火灾报警及消防联动设备系统图的识读（五要素识图法）。

（3）技术标准的查询

2. 理论知识

（1）系统图图形符号的含义。

（2）火灾报警及消防联动设备检测与维护方法。

（3）火灾报警系统、防烟排烟系统与防火分隔设施、消防灭火系统的检测与维护要点。

（4）有关标准中的相关内容，如《建筑防烟排烟系统技术标准》（GB 51251—2017）第8章、《火灾自动报警系统施工及验收标准》（GB 50166—2019）第5、6章、《建筑消防设施的维护管理》（GB 25201—2010）、《建筑消防设施检测技术规程》（XF 503—2004）等。

二、情况问询与资料查阅

1. 实践知识

（1）记录的查询。

（2）设备运行状况、故障现象、故障位置、故障发生时间的询问与记录，故障原因的初步判断，历史故障记录及运行管理报告、监测报告、产品说明书等的查询。

（3）存档任务单（包含检修记录单、维护记录单、维修记录单）的查阅。

（4）项目竣工材料、系统操作说明书的查阅与运用。

2. 理论知识

（1）检测记录单、维护记录单、维修记录单的内容与要点。

（2）竣工资料（含设备清单、系统图、接线图、点位表）的内容与要点。

（3）各设备及系统操作说明书（含常见故障判断）的内容与要点。

三、工具选择及领取

1. 实践知识

（1）火灾报警探测器等专用检测工具（如烟雾检测器、热感温度计、气体检测仪、多功能测试仪、火灾报警系统测试仪、电源测试仪等）的使用，各类线材的检测与维护。

（2）安全防护准备。

2. 理论知识

（1）测试法、经验法。

（2）火灾报警系统设备（包括隔离器、火灾报警探测器、输入输出模块、声光报警器、消防广播扬声器、手动火灾报警按钮等）、防烟排烟系统设备与防火分隔设施（包括排烟风机、排烟管道、输入输出模块、防火卷帘控制器等）、消防灭火系统设备（包括消防水泵、湿式报警阀、输入输出模块、手动启动按钮等）等火灾报警及消防联动设备设施的功能、工作原理和方法。

（3）电源线、总线、网线的检测原理和要点。

（4）烟雾检测器测试器、热感温度计、气体检测仪、多功能测试仪、火灾报警系统测试仪、电源测试仪的工作原理和操作方法。

四、日常运行管理测试

1. 实践知识

（1）系统的测试、巡视、保养等。

（2）消防设备的清洁和维护。包括灭火器上的灰尘和污垢清除、喷淋系统喷头清洁、消防栓的密封性能检查、磨损零部件更换、传感器校准、备用电池检查等。消防泵的工作状态和水源供应的定期检查。水泵水压和流量检查，管道堵塞或泄漏检查。

（3）消防设备的功能测试和联动测试。包括火灾报警探测器的声音和灯光信号测试、消防栓和喷淋系统的水压和喷水量的测试、手动火灾报警按钮的触发测试等。

（4）测试结果的记录。

2. 理论知识

（1）检测法（功能性检测、联动性检测）。

（2）测量法、测试法。

（3）维护法（传感器清洁法、供水检查法）。

（4）火灾报警设备、防烟排烟设备与防火分隔设施、消防灭火设备的清洁、校准、维护方法。

（5）火灾报警及消防联动系统编程方法、工作原理和检测维修方法。

（6）《建筑消防设施的维护管理》（GB 25201—2010）、《建筑消防设施检测技术规程》（XF 503—2004）等标准中关于维护与保养的内容。

（7）各种设备的安装要求、检修周期和维护要求。

五、故障分析及维修

1. 实践知识

（1）报警信息的处理，包含火灾报警探测系统的故障信号、误报信号等报警信息的处理。

（2）火灾探测器、测控模块、联动模块及线路故障的分析。

（3）火灾探测器、测控模块、联动模块及线路故障的排除。

2. 理论知识

（1）替换法（设备替换、线缆替换）。

（2）故障排除法（跨接法、直连法、逐级排除法）。

六、现场清理与交付验收

1. 实践知识

（1）现场的清理，物品的归置，工具设备的归还。

（2）异常现象、故障原因的记录，资料的归档，工程的交付验收。

2. 理论知识

（1）记录单的组成要素。

（2）"7S" 管理制度。

（3）工程交付内容及交付要点。

七、通用能力、职业素养和思政素养

自主学习、自我管理、信息检索、理解与表达、交往与合作、创新思维、解决问题等通用能力，安全意识、质量意识、规范意识、效率意识、成本意识、环保意识、市场意识、服务意识等职业素养，以及劳模精神、劳动精神、工匠精神等思政素养。

		参考性学习任务	
序号	名称	学习任务描述	参考学时
1	火灾报警系统检测与维护	某智能大厦的物业工程部要完成火灾报警系统的检测与维护任务，此任务由工程部的消防组完成，要求对火灾报警系统的所有硬件、软件进行检测与维护，并对遇到的故障进行分析处理，消除系统运行安全隐患，确保系统处于良好的运行状态。 学生作为施工人员，完成以下操作： （1）领取任务单，明确工作内容及工作要求，勘查现场，制订工作计划，领取所需工具、设备、材料及资料。 （2）依据任务要求，按照系统检测维护手册、产品说明书及相关竣工图纸，规范使用工具，依照相关标准、技术规范，以团队形式按计划进行系统检测与维护。 （3）通过团队合作，分析并明确故障原因，高效完成系统故障检修工作。 （4）按照操作规范完成系统自检与试运行，及时处理问题，确保火灾报警系统处于良好运行状态。 （5）将检测与维护过程、遇到的故障现象及原因填入检测维护报告、故障处理记录单中。	56

1	火灾报警系统检测与维护	（6）利用多媒体设备和专业术语对工作过程进行总结汇报，交付教师验收。 在任务实施过程中，学生应安全规范操作，有效沟通合作，独立或合作发现问题、分析问题、解决问题，能够提出创新见解。具备成本控制意识、精益求精的工匠精神、甘于奉献的劳模精神。	
2	防烟排烟系统与防火分隔设施检测与维护	某智能大厦的物业工程部要完成防烟排烟系统与防火分隔设施的检测与维护任务，此任务由工程部的消防组完成，要求对防烟排烟系统与防火分隔设施进行检测与维护，并对遇到的故障进行分析处理，消除系统运行安全隐患，确保系统处于良好的运行状态。 学生作为施工人员，完成以下操作： （1）领取任务单，明确工作内容及工作要求，勘查现场，制订工作计划，领取所需工具、设备、材料及资料。 （2）依据任务要求，按照系统检测维护手册、产品说明书及相关竣工图纸，规范使用工具，依照相关标准、技术规范，以团队形式按计划完成系统检测与维护。 （3）对检测出的故障分析原因，提出解决方案，完成系统检修工作。 （4）按照操作规范完成系统自检与试运行，及时处理问题，确保防烟排烟系统与防火分隔设施处于良好运行状态。 （5）将检测与维护过程、遇到的故障现象及原因填入检测维护报告、故障处理记录单中。 （6）利用多媒体设备和专业术语对工作过程进行总结汇报，交付教师验收。 在任务实施过程中，学生应安全规范操作，有效沟通合作，独立或合作发现问题、分析问题、解决问题，能够提出创新见解。具备成本控制意识、精益求精的工匠精神、甘于奉献的劳模精神。	26
3	消防灭火系统检测与维护	某智能大厦的物业工程部要完成消防灭火系统的检测与维护任务，此任务由工程部的消防组完成，要求对消防灭火系统进行检测与维护，并对遇到的故障进行分析处理，消除系统运行安全隐患，确保系统处于良好的运行状态。 学生作为施工人员，完成以下操作： （1）领取任务单，明确工作内容及工作要求，勘查现场，制订工作计划，领取所需工具、设备、材料及资料。 （2）依据任务要求，按照系统检测维护手册、产品说明书及相关竣工图纸，规范使用工具，依照相关标准、技术规范，以团队形式按计划完成系统检测与维护。 （3）通过团队合作，分析并明确故障原因，高效完成系统故障处理。作业过程中规范填写检测维护报告、故障处理记录单。	26

| 3 | 消防灭火系统检测与维护 | （4）按照操作规范完成系统自检与试运行，及时处理问题，确保消防灭火系统处于良好运行状态。
（5）将检测与维护过程、遇到的故障现象及原因用文字描述清楚，填入检测维护记录单中。
（6）利用多媒体设备和专业术语对工作过程进行总结汇报，交付教师验收。
在任务实施过程中，学生应安全规范操作，有效沟通合作，独立或合作发现问题、分析问题、解决问题，能够提出创新见解。具备成本控制意识、精益求精的工匠精神、甘于奉献的劳模精神。 | |

教学实施建议

1. 师资

授课教师应具备火灾报警及消防联动系统检测与维护实践经验，能独立或合作完成相关工学一体化课程教学设计与实施、工学一体化课程教学资源的选择与应用。

2. 教学组织方式方法

采用行动导向的教学方法。为确保教学安全，增强教学效果，建议采用分组教学的方式（4~5人/组），参与教学的班级人数不超过35人。在学生完成工作任务的过程中，教师须加强示范与指导，注重学生职业素养和规范操作习惯的培养。

教师在讲授或演示教学中，应借助多媒体教学设备，配备丰富的多媒体课件和相关教学辅助设备。

3. 工具

工具按组配置。具体包括：

冲击钻、手电钻、角磨机、电锯、电动扳手、水钻、试电笔、螺钉旋具、剥线钳、压线钳、卷尺、消防探测器安装工具、消防探测器测试工具等。

安全帽、防护服、防护口罩、防护眼镜、安全带等防护用品。

万用表、专用火灾报警系统测试仪器、消防探测器测试仪等仪器仪表。

4. 教学资源

（1）教学场地

火灾报警及消防联动系统工学一体化学习工作站须具备良好的安全、照明和通风条件，可分为集中教学区、分组教学区、信息检索区、工具存放区、材料存放区和成果展示区，并配备相应的多媒体教学设备，面积以至少能同时容纳35人开展教学活动为宜。

（2）教学资料

以工作页为主，配备相关信息页、项目竣工材料、系统操作说明书、检测记录单、维修记录单、维护记录单、任务单、有关标准、有关规范、安全操作规程等。

5. 教学管理制度

执行工学一体化教学场所的管理规定。如需进行校外认识实习和岗位实习，应严格遵守生产性实训基地管理制度、企业实习管理制度。

教学考核要求

采用过程性考核与终结性考核相结合的形式。

1. 过程性考核

采用自我评价、小组评价和教师评价相结合的方式进行考核，让学生学会自我评价。教师要观察学生的学习过程，结合学生的自我评价、小组评价进行总评，并提出改进建议。

（1）课堂考核

考核出勤、学习态度、课堂纪律、小组合作与展示等情况。

（2）作业考核

考核工作页的完成、成果展示、课后练习等情况。

（3）阶段考核

书面测试、实操测试、口述测试。

2. 终结性考核

应围绕本课程目标，结合课程终结性考核要点，选择企业真实工作任务或设计学习任务进行终结性考核。

学生应根据任务要求，制订火灾报警及消防联动系统检测与维护方案，并按照作业规范，在规定时间内完成具体设备的检测、维护任务，作业结果符合规定的技术标准。

考核任务案例：模拟施工场地的火灾报警及消防联动系统检测与故障排除

【情境描述】

某写字楼消防维护人员正在进行火灾报警及消防联动系统的日常巡视与检测，此时，火灾报警控制器发出故障信号。在收到中控室指令后，维护人员前往事发地点进行故障排查工作，在故障排除后继续进行巡视工作。

【任务要求】

对照《建筑消防设施检测技术规程》（XF 503—2004）、《建筑设计防火规范（2018 年版）》（GB 50016—2014）、《火灾自动报警系统设计规范》（GB 50116—2013）、《自动喷水灭火系统设计规范》（GB 50084—2017）等相关标准，按照客户要求，在规定时间内完成本项目中火灾报警系统检测与维护、防烟排烟系统与防火分隔设施检测与维护、消防灭火系统检测与维护，本任务将产生以下结果：

1. 根据情境描述与任务要求，列出与组长沟通的要点，明确工作任务与要求。

2. 查阅火灾报警与消防联动工程方面的技术标准等资料，识读项目竣工图纸，写出检测与维护工作流程。

3. 完成消防设备功能测试和联动测试，填写检修记录单。

4. 查找火灾报警及消防联动系统的故障，分析故障原因与类型。

5. 排除故障，进行系统试运行，填写维修记录单。

6. 总结本次工作中遇到的问题，思考解决方法。

【参考资料】

完成上述任务时，可以使用常见的教学资料，如工作页、信息页、个人笔记、火灾报警及消防联动系统相关设备说明书以及万用表、火灾报警探测器等仪器仪表的说明书等。

（十）安全防范系统检测与故障处理课程标准

工学一体化课程名称	安全防范系统检测与故障处理	基准学时	180

典型工作任务描述

在智能楼宇安全防范系统运行过程中可能会出现各种问题。值班人员在日常值机、巡检过程中发现设备故障后，应立即通知维修保养技术员，对入侵报警和紧急报警系统、视频监控系统、出入口控制系统、停车库（场）安全管理系统等安全防范子系统故障进行诊断并排除。

维修保养技术员需要利用网络测试仪等设备和工具对系统设备进行核查检测，查找故障原因，并依据维修标准和安全规程，完成安全防范系统故障的处理，使系统正常运行。具体流程如下：

1. 从主管处领取任务单，认真阅读任务单，明确工作内容及工作要求。

2. 到达现场后，与物业管理员沟通，了解现场情况，查阅施工图、系统验收资料、设备操作手册、设备设施台账及维修记录单等档案资料，分析故障现象，初步判断故障原因，确定故障检测方法，制订维修计划。

3. 领取设备、检测维修工具及相关材料，在作业现场悬挂维修标志牌，进行系统功能检测，判断故障点。

4. 在维修过程中，注意施工安全，按照维修计划及操作规范，正确使用工具与检测设备，进行单设备和单系统的维修，实时判断故障原因并进行故障部件的检测、拆卸、更换、维修等工作，确保不影响其他设备或系统的正常运行，采取有效的替代方式填补因维修产生的防范漏洞。

5. 维修完成后进行设备自检并试运行，确保系统恢复正常运行。

6. 填写维修记录单，清理现场，将资料归档，归还工具、设备，交付物业管理员验收。

在维修工作过程中，维修保养技术员应严格执行有关标准，包括《智能建筑工程质量验收规范》（GB 50339—2013）、《安全防范工程技术标准》（GB 50348—2018）、《安全防范系统维护保养规范》（GA/T 1081—2020）等。在作业过程中，执行"7S"管理制度等企业各项规章制度，具备规范意识、标准意识、安全意识，恪守从业人员的职业道德。

工作内容分析

工作对象：	工具、材料、设备与资料：	工作要求：
1. 任务单的领取和阅读，故障现象的问询，系统设备操作手册、系统施工图及维修记录单等档案资料的查阅。 2. 现场故障现象的初步分析、维修计划的制订，设	1. 工具 螺钉旋具、尖嘴钳、斜口钳、压线钳、电烙铁、扳手、试电笔、人字梯、安全帽、防护服、防护口罩、防护眼镜、打光笔、安全带等。 网络测试仪、万用表、接地电阻测试仪、视频监控测试仪、弱电线路寻线仪、线缆故障测试仪、弱电测线仪、光纤故障测试仪等仪器仪表。 2. 材料 绝缘胶布、扎带、焊锡丝、标签、线缆、水晶头、光纤、接头、开关、插座、螺钉、电子元器件等。	1. 与主管有效沟通，准确理解工作内容及工作要求。 2. 明确资料的查阅范围及查阅方法，准确获取资料有用信息，初步判断故障原因，确定故障检测方法，制订的计划有效可实施，选择的设备、检测维修工具及材料满足维修需求。

备、检测维修工具、仪器仪表及相关材料的选择及领取。 3. 系统的检测，故障原因的分析。 4. 故障的处理，系统设备的自检、试运行，维修记录单的填写。 5. 现场的清理，工具、设备的归还，资料的归档。	3. 设备 （1）入侵和紧急报警系统 计算机、点型探测器、线型探测器、面型探测器、空间型探测器、防盗报警控制主机、声光报警器、键盘等。 （2）视频监控系统 计算机、数字视频录像机、视频矩阵、显示器、球型与枪型摄像机、声光报警器、交换机、光纤收发器、光纤熔接机等。 （3）出入口控制系统 计算机、识读装置、开门按钮、智能锁、门禁电源、门禁控制器、网络适配器等。 （4）停车库（场）安全管理系统 计算机、道闸、车牌检测器、补光灯、摄像机、控制主机等。 4. 资料 施工图、系统验收资料、系统设备操作手册、系统设备设施台账、维修记录单、维修计划、产品说明书、《智能建筑工程质量验收规范》（GB 50339—2013）、《安全防范工程技术标准》（GB 50348—2018）、《安全防范系统维护保养规范》（GA/T 1081—2020）、《安全防范工程通用规范》（GB 55029—2022）等相关标准。 **工作方法：** 1. 故障报修关键要素沟通方法 2. 维修记录单、系统施工图、使用指导手册等档案资料检索法 3. 安全防范系统现场勘查法 4. 维修工时的评估方法、制订维修保养计划的工作程序法 5. 现场设备运行情况分析方法（最小系统法、物理检查法、运行环境检查法、电气参数检查法、性能检查法、对照检查法）	3. 故障点定位准确，检查方法有效。 4. 系统故障排除，系统运行正常，设备技术指标、系统功能满足任务要求及有关标准规定，维修作业标准、规范、安全，符合技术标准和安全操作规程。 5. 清理现场、归置物品，填写维修记录单，遵守"7S"管理制度，工具、资料核查准确，归还手续齐全，资料归档规范有序。 6. 严格执行有关标准、规范，遵守企业相关制度规定，恪守职业道德。

6. 故障原因排查法（电源通断排查法、部件紧固检查法、参数设置排查法、单元器件检查法）

7. 资料分析方法（施工图、维修手册、设备说明书等文件的查阅和识读）

劳动组织方式：

1. 领取故障检修任务单并确定任务要求。

2. 与主管沟通，确认可行性故障诊断与排除计划。

3. 领取维修工具、检测设备、材料等。

4. 以独立或合作的方式完成安全防范系统异常故障的诊断与排除任务。

5. 将维修并测试合格的安全防范系统交付客户验收。

6. 归还设备、工具及材料，将资料归档。

课程目标

学习完本课程后，学生应当能够胜任安全防范系统检测与故障处理工作，包括入侵报警和紧急报警系统检测与故障处理、视频监控系统检测与故障处理、出入口控制系统检测与故障处理、停车库（场）安全管理系统检测与故障处理等；应具备相应的通用能力、职业素养和思政素养。具体包括：

1. 能阅读任务单，与组员进行交流，清晰描述故障现象及故障范围，明确工作内容及工作要求；具备理解与沟通表达能力、信息检索能力。

2. 能准确查阅所用的施工图、系统设备操作手册及维修记录单等档案资料，获取有用信息；具备信息检索的能力。

3. 能正确选择所需设备、检测维修工具及相关材料，满足维修需求，做好检测维修前的准备；具备自主学习能力。

4. 能初步判断故障原因，确定故障检测方法；组员团结协作，共同分析并制订维修计划，制订的计划有效可实施；具备独立思考能力、组织协调能力，具有时间意识、效率意识。

5. 能利用工具检测系统，准确定位故障点，明确故障原因，确定故障检测方法；具备自主创新能力，具有安全意识。

6. 能按照维修计划及操作规范，严格遵守安全操作规范，以独立或合作方式完成入侵报警和紧急报警系统、视频监控系统、出入口控制系统、停车库（场）安全管理系统的故障处理任务，使系统运行正常，设备技术指标、系统功能满足任务要求及有关标准规定；维修作业标准、规范、安全，确保符合技术标准和安全操作规程；具有精益求精的工匠精神和爱岗敬业的职业精神。

7. 能按照操作规范进行相应的设备自检并试运行，恢复系统功能，具有精益求精的工匠精神和质量管控意识。

8. 能将故障现象、故障原因描述清楚，填入维修记录单中；在维修过程中团结协作，采用专业术语对工作过程准确进行记录、评价，将资料归档，正确交付验收；具有规范意识、自我管理意识。

9. 能在操作过程中严格遵守《安全防范工程技术标准》（GB 50348—2018）、《安全防范系统维护保养规范》（GA/T 1081—2020）、《安全防范工程通用规范》（GB 55029—2022）等相关标准，执行"7S"管理制度及安全操作规定，具备归纳总结能力，具有规范意识、沟通合作意识、团队意识。

学习内容

本课程主要学习内容包括：

一、任务解读与施工准备

1. 实践知识

（1）任务单的阅读与分析，施工图、系统操作说明书及维修记录单等档案资料的识读与运用。

（2）故障检测方法的查阅。

（3）设备运行情况的观察、系统故障的诊断。

（4）针对系统故障与有关操作使用人员的有效沟通（内容包括项目建设时间、系统构成、设备配置、工程造价、安全防范措施等）。

2. 理论知识

（1）入侵报警和紧急报警系统设备（如常用探测器、防盗报警控制主机、交换机等）的工作原理。

（2）视频监控系统设备（如数字视频录像机、摄像机、光端机、存储设备、显示器、解码器等）的工作原理。

（3）出入口控制系统设备（如读卡器、生物识别器、电子锁、门禁控制器、网络适配器等）的工作原理。

（4）停车库（场）安全管理系统设备（如出入口抓拍机、地感线圈车辆检测器、雷达、出入口控制机、出入口控制终端等）的工作原理。

二、故障现象初步分析及维修计划制订

1. 实践知识

（1）光纤检测仪、视频监控测试仪等专用检测工具的自检及使用。

（2）安全防范系统维护保养等方面标准的查阅。

（3）维修计划的制订。

2. 理论知识

（1）各安全防范子系统故障的常见现象。

（2）安全防范系统维修作业流程。

（3）检测工具的工作原理及功能。

（4）相关维护保养方面的标准，如《安全防范系统维护保养规范》（GA/T 1081—2020）、《安全防范系统维护保养规范》（GA/T 1081—2020）、《安全防范工程通用规范》（GB 55029—2022）等。

三、系统检测与故障原因分析

1. 实践知识

（1）系统线路排查。

（2）网络测试仪、万用表、光纤检测仪、视频监控测试仪等仪器仪表的使用。

（3）故障设备的性能检测与功能调试。

2. 理论知识

（1）各安全防范子系统设备故障现象（如探测器不动作、显示器黑屏、监控图像质量不高、系统受干扰、前端设备不受控制、解码器不受控制、系统无法通信、门禁不启动、道闸不起落杆、控制失灵、误报警等）的产生原因。

（2）系统管理平台故障现象（如无法连接外网设备、平台无法监测、客户端登录失败、导入地图报错、记录丢失等）的产生原因。

（3）各种故障排查的思路及步骤。

四、故障处理与系统自检、试运行

1. 实践知识

（1）设备的检查、调整、测试、更换等。

（2）维修所用各类线材的制作。

（3）系统测试仪器仪表的使用，包括网络测试仪、万用表、光纤检测仪、视频监控测试仪等。

（4）维修记录单的填写。

（5）典型安全防范设备的使用方法，如点型探测器、线型探测器、面型探测器、空间型探测器、防盗报警控制主机、声光报警器、键盘、数字视频录像机、视频矩阵、显示器、球型与枪型摄像机、声光报警器、交换机、识读装置、开门按钮、智能锁、门禁电源、门禁控制器、网络适配器等。

（6）道闸、车牌检测器、补光灯、摄像机、控制主机等的使用方法。

（7）常见故障的判断，正确使用工具进行故障系统或设备的拆卸、检测、更换、维修等工作，排除各类故障。

（8）系统自检与试运行。

2. 理论知识

（1）各安全防范子系统的应用功能测试内容（如灵敏度、视频监控画面质量、探测范围、探测距离、响应速度、识别率、通信状况等）。

（2）系统性能达标的要求。

（3）入侵报警和紧急报警系统集成工作原理。

（4）有关标准和规范，如《安全防范工程技术标准》（GB 50348—2018）、《智能建筑工程质量验收规范》（GB 50339—2013）、《安全防范工程通用规范》（GB 55029—2022）、安全操作规程等。

五、现场清理与资料归档

1. 实践知识

（1）设备、工具、材料的清点、归还，作业现场的清理。

（2）工作日志的填写。

（3）交付验收的流程。

2. 理论知识

（1）维修记录单的填写与归档。

（2）企业文件管理规范。

六、通用能力、职业素养和思政素养

自主学习、自我管理、信息检索、理解与表达、交往与合作、创新思维、解决问题等通用能力，安全意识、质量意识、规范意识、效率意识、成本意识、环保意识、市场意识、服务意识等职业素养，以及劳模精神、劳动精神、工匠精神等思政素养。

参考性学习任务

序号	名称	学习任务描述	参考学时
1	入侵报警和紧急报警系统检测与故障处理	某物业管理人员在值班过程中发现某办公大楼的入侵报警和紧急报警系统出现故障。布防后，某一路前端探测器无法正常设防报警，另一路出现误报现象，需要维修人员到现场维修。 学生作为维修人员，完成以下操作： （1）领取任务单，与教师沟通，了解任务内容和要求，查阅施工图、系统操作说明书及维修记录单等档案资料，分析故障现象后，初步判断故障原因，确定故障检测方法，制订维修计划。 （2）领取设备、检测维修工具及相关材料，在作业现场悬挂维修标志牌，通过对入侵报警和紧急报警系统进行检测，检查线路、防拆开关、匹配电阻、供电电源、报警线路等，分析判断故障原因。 （3）按照维修计划及操作规范，正确使用工具检查探测器、线路、防盗报警控制主机，实时诊断故障并进行故障部件的检测、拆卸、更换、维修等工作。 （4）维修完成后进行设备自检并试运行，确保系统恢复正常。 （5）填写维修记录单，对工作规范准确地进行记录、评价，交付教师验收。 在任务实施过程中，学生应严格执行有关标准，包括《智能建筑工程质量验收规范》（GB 50339—2013）、《安全防范工程技术标准》（GB 50348—2018）、《安全防范系统维护保养规范》（GA/T 1081—2020）等；遵守"7S"管理制度、安全生产制度、文明施工制度等规定，恪守从业人员的职业道德，具有质量意识、规范意识、独立思考能力以及不畏艰辛、甘于奉献的精神，培养科技强国的理想。	60

| 2 | 视频监控系统检测与故障处理 | 某学校安保值班人员在值班过程中发现校园视频监控系统出现故障，有一路监控画面出现黑屏，无法正常显示，需要维修人员到现场维修。

学生作为维修人员，完成以下操作：

（1）领取任务单，与教师沟通，了解任务内容和要求，查阅施工图、系统操作说明书及维修记录单等档案资料，分析故障现象后，初步判断故障原因，确定故障检测方法，制订维修计划。

（2）领取设备、检测维修工具及相关材料，在作业现场悬挂维修标志牌，通过对视频监控系统进行检测，分析判断故障原因。

（3）按照维修计划及操作规范，正确使用工具检查供电电源、线路连接及终端设置等，实时诊断故障并进行故障部件的检测、拆卸、更换、维修等工作。

（4）维修完成后进行设备自检并试运行，确保系统恢复正常。

（5）填写维修记录单，对工作规范准确地进行记录、评价，交付教师验收。

在任务实施过程中，学生应严格执行有关标准，包括《智能建筑工程质量验收规范》（GB 50339—2013）、《安全防范工程技术标准》（GB 50348—2018）、《安全防范系统维护保养规范》（GA/T 1081—2020）等；遵守"7S"管理制度、安全生产制度、文明施工制度等规定，恪守从业人员的职业道德，具有质量意识、规范意识、独立思考能力以及不畏艰辛、甘于奉献的精神，培养科技强国的理想。 | 60 |
| 3 | 出入口控制系统检测与故障处理 | 某学校宿舍管理员在值班过程中发现宿舍大门出入口控制系统出现故障，无人员出入时蜂鸣器不停鸣叫，严重影响正常使用，需要维修人员到现场维修。

学生作为维修人员，完成以下操作：

（1）领取任务单，与教师沟通，了解任务内容和要求，查阅施工图、系统操作说明书及维修记录单等档案资料，现场查看故障现象，初步分析判断故障原因，确定故障检测方法，制订维修计划。

（2）领取设备、检测维修工具及相关材料，在作业现场悬挂维修标志牌，通过对出入口控制系统进行检测，分析判断故障原因。

（3）按照维修计划及操作规范，检查门禁存储板参数、读写模块等，实时诊断故障并进行故障部件的检测、拆卸、更换、维修等工作。

（4）维修完成后进行设备自检并试运行，确保系统恢复正常。

（5）填写维修记录单，对工作规范准确地进行记录、评价，交付教师验收。 | 30 |

3	出入口控制系统检测与故障处理	在任务实施过程中，学生应严格执行有关标准，包括《智能建筑工程质量验收规范》（GB 50339—2013）、《安全防范工程技术标准》（GB 50348—2018）、《安全防范系统维护保养规范》（GA/T 1081—2020）等；遵守"7S"管理制度、安全生产制度、文明施工制度等规定，恪守从业人员的职业道德，具有质量意识、规范意识、独立思考能力以及不畏艰辛、甘于奉献的精神，培养科技强国的理想。	
4	停车库（场）安全管理系统检测与故障处理	某小区物业管理人员发现小区停车库安全管理系统出现故障，当车辆进出停车库时，系统识别车牌后道闸不能正常升降，影响正常使用，需要维修人员到现场维修。 学生作为维修人员，完成以下操作： （1）领取任务单，与教师沟通，了解任务内容和要求，查阅施工图、系统操作说明书及维修记录单等档案资料，现场查看故障现象，初步分析判断故障原因，确定故障检测方法，制订维修计划。 （2）领取设备、检测维修工具及相关材料，在作业现场悬挂维修标志牌，通过对停车库安全管理系统进行检测，判断故障点。 （3）按照维修计划及操作规范，检查道闸电源、闸门电动机线路、电动机定子、电动机线、信号线、控制箱等情况，实时诊断故障并进行故障部件的检测、拆卸、更换、维修等工作。 （4）维修完成后进行设备自检并试运行，确保系统恢复正常。 （5）填写维修记录单，对工作规范准确地进行记录、评价，交付教师验收。 在任务实施过程中，学生应严格执行有关标准，包括《智能建筑工程质量验收规范》（GB 50339—2013）、《安全防范工程技术标准》（GB 50348—2018）、《安全防范系统维护保养规范》（GA/T 1081—2020）等；遵守"7S"管理制度、安全生产制度、文明施工制度等规定，恪守从业人员的职业道德，具有质量意识、规范意识、独立思考能力以及不畏艰辛、甘于奉献的精神，培养科技强国的理想。	30

教学实施建议

1. 师资

授课教师应具有安全防范系统检测与故障处理相关实践经验，能够独立或合作完成相关工学一体化课程教学设计与实施、工学一体化课程教学资源的选择与应用。

2. 教学组织方式方法

采用行动导向的教学方法。为确保教学安全，增强教学效果，建议采用分组教学的方式（4~6人/组），参与教学的班级人数不超过35人。在学生完成工作任务的过程中，教师须加强示范与指导，注重学生职业素养和规范操作习惯的培养。

教师在讲授或演示教学中，应借助多媒体教学设备，配备丰富的多媒体课件和相关教学辅助设备。

3. 工具、材料与设备

工具、材料与设备按组配置。

（1）工具

螺钉旋具、尖嘴钳、斜口钳、压线钳、电烙铁、扳手、试电笔、人字梯、安全帽、防护服、防护口罩、防护眼镜、打光笔、安全带等。

网络测试仪、万用表、接地电阻测试仪、视频监控测试仪、弱电线路寻线仪、线缆故障测试仪、弱电测线仪、光纤故障测试仪等仪器仪表。

（2）材料

绝缘胶布、扎带、焊锡丝、标签、线缆、水晶头、光纤、接头、开关、插座、螺钉、电子元器件等。

（3）设备

计算机、点型探测器、线型探测器、面型探测器、空间型探测器、防盗报警控制主机、声光报警器、键盘等。

数字视频录像机、视频矩阵、显示器、球型与枪型摄像机、声光报警器、交换机、光纤收发器、光纤熔接机等。

识读装置、开门按钮、智能锁、门禁电源、门禁控制器、网络适配器等。

道闸、车牌检测器、补光灯、摄像机、控制主机等。

4. 教学资源

（1）教学场地

安全防范系统工学一体化学习工作站须具备良好的安全、照明和通风条件，可分为集中教学区、分组教学区、信息检索区、工具存放区、材料存放区和成果展示区，并配备相应的多媒体教学设备，面积以至少能同时容纳 35 人开展教学活动为宜。

（2）教学资料

以工作页为主，配备相关信息页、有关标准及技术规范、维修记录单、检测维修操作规范等资料。

5. 教学管理制度

执行工学一体化教学场所的管理规定。如需要进行校外认识实习和岗位实习，应严格遵守生产性实训基地管理制度、企业实习管理制度等。

教学考核要求

采用过程性考核与终结性考核相结合的形式。

1. 过程性考核

采用自我评价、小组评价和教师评价相结合的方式进行考核，让学生学会自我评价。教师要观察学生的学习过程，结合学生的自我评价、小组评价进行总评，并提出改进建议。

（1）课堂考核

考核出勤、学习态度、课堂纪律、小组合作与展示等情况。

（2）作业考核

考核工作页的完成、成果展示、课后练习等情况。

（3）阶段考核

书面测试、实操测试、口述测试。

2. 终结性考核

应围绕本课程目标，结合课程终结性考核要点，选择企业真实工作任务或设计学习任务进行终结性考核。

学生应根据任务要求，查找相关标准和操作规程，明确作业流程，领取设备、工具、材料，按照作业流程和工艺要求，在规定时间内完成安全防范系统检测与故障处理，作业结果应符合《安全防范工程技术标准》（GB 50348—2018）中的验收标准，系统功能达到客户要求。

考核任务案例：模拟施工场地出入口控制系统检测与故障处理

【情境描述】

某办公大楼的出入口控制系统出现故障，人脸识别门禁无法正常识别进出人员身份，造成门禁失灵。随后，大楼工作人员立即打电话给维修保养公司反映情况。维修保养公司了解并核对情况后，派人员进行出入口控制系统检测与故障处理。

【任务要求】

按照《智能建筑工程质量验收规范》（GB 50339—2013）、《安全防范工程技术标准》（GB 50348—2018）、《安全防范系统验收规则》（GA 308—2001）等相关标准及公司维修管理要求，需要在 2 h 内完成本次维修任务，规范记录维修情况，使设备恢复正常，交付客户使用。本任务将产生以下结果：

1. 根据情境描述与任务要求，明确工作任务与要求，列出所需工具与设备清单。

2. 查阅施工图、系统操作说明书及维修记录单等档案，列出检测范围，找到故障点，分析故障原因，写出维修工作计划。

3. 按照维修工作计划，排除出入口控制系统人脸识别失灵的故障，填写维修记录单。

4. 思考本次工作中遇到的问题，总结维修方法和步骤。

【参考资料】

完成上述任务时，可以使用常见的教学资料，如工作页、信息页、项目竣工报告、维修记录单、元器件技术手册、产品说明书、产品安装手册和相关标准等。

（十一）会议广播系统测试与检修课程标准

工学一体化课程名称	会议广播系统测试与检修	基准学时	108
典型工作任务描述			

会议广播系统利用现有的通信网和数字信号压缩处理技术，将数据信号处理后传到远端，实现交流。为了保证会议活动顺利进行，避免会议广播系统在运行过程中出现各种问题，维修保养技术人员需要根

据测试标准和安全规程，预先完成对会议音频系统、会议视频显示系统、会议照明系统、会议网络系统、广播系统的测试与检修，使其达到所需的技术要求，保证系统的正常运行。具体流程如下：

1. 从项目经理处领取任务单，认真阅读，明确工作内容及工作要求。

2. 到达现场后，与设备管理员沟通以了解现场情况，查阅项目竣工报告、系统操作说明书及以往检修记录单等档案资料，熟悉工作现场环境，明确测试范围、测试内容，分析设备异常现象，初步判断异常原因，确定测试方法，制订检修计划。

3. 领取设备、测试线、检测维修工具及相关材料，在现场悬挂维修标志牌，进行系统测试，判断故障点。

4. 按照检修计划及操作规范，正确使用工具，对会议音频系统、会议视频显示系统、会议照明系统、会议网络系统、广播系统进行测试与检修。测试与检修时停止设备运行，断开电源，必要时将设备接地，确认故障问题及检修复杂系数，实时诊断故障并进行故障部件检测、拆卸、更换、检修等工作。

5. 检修完成后进行设备自检并试运行，确保系统恢复正常。

6. 填写检修记录单、故障记录单，并对工作进行记录、评价，交付验收。

在工作过程中，维修保养技术人员应严格执行有关标准，包括《电子会议系统工程设计规范》（GB 50799—2012）、《厅堂扩声系统声学特性指标》（GYJ 25—1986）、《公共广播系统工程技术标准》（GB/T 50526—2021）、《电子调光设备性能参数与测试方法》（GB/T 14218—2018）、《厅堂扩声特性测量方法》（GB/T 4959—2011）、《公共广播系统工程技术标准》（GB/T 50526—2021）等。同时，遵守企业质量管理制度、安全生产制度、文明施工制度等规定，恪守从业人员的职业道德。

工作内容分析

工作对象：	工具、材料、设备与资料：	工作要求：
1. 任务单的领取和阅读。 2. 异常现象的问询，项目竣工报告、系统操作说明书及检修记录等档案资料的查阅，检修计划的制订。 3. 设备、测试线、检测维修工具及相关材料的选择及领取。	1. 会议音频系统 （1）工具 音频测试仪（含软件）、万用表、声级计、照度计、网络测试仪、音频分析仪（含软件）等。 （2）材料 音频线、电源线、信号线、RCA 音频莲花头、卡侬头、3.5 mm 音频头、6.5 mm 音频头等。 （3）设备 话筒、功率放大器、音箱、音频处理器、调音台等。 2. 会议视频显示系统 （1）材料 视频线、网线、光纤、电源线、信号线、HDMI 线、视频线、DVI 线、BNC 头、VGA 头等。	1. 与项目经理有效沟通，准确理解工作内容及工作要求。 2. 确认异常现象，明确资料的查阅范围及查阅方式，准确查找资料有用信息。初步判断异常原因，确定测试方法。 3. 正确选择所需设备、测试线、检测维修工具及相关材料，制订检修计划。

4. 系统测试，故障原因分析。 5. 设备检修，故障记录单、检修记录单填写。 6. 现场的清理，工具、设备的归还，资料的归档。	（2）设备 显示设备、会议主机、会议代表单元、摄像机、多点控制单元、计算机等。 3. 会议照明系统 （1）工具 照度计、色温测试仪等。 （2）材料 电源线、控制线、灯钩等。 （3）设备 调光台、光束灯、三基色会议灯等。 4. 会议网络系统 （1）工具 网络测试仪、压线钳、便携式计算机等。 （2）材料 电源线、视频线、音频线、网线等。 （3）设备 多点控制单元（视频会议服务器）、会议室终端、桌面型终端、Gatekeeper（网闸）等。 5. 广播系统 （1）材料 电源线、接地线、音频线。 （2）设备 播放器、功率放大器、矩阵设备、扬声器等。 6. 各系统相关资料 安全操作规程、施工图、任务单、设备说明书、相关技术手册、工艺文件，以及《电子会议系统工程施工与质量验收规范》（GB 51043—2014）、《会议电视会场系统工程施工及验收规范》（GB 50793—2012）、《扩声、会议系统安装工程施工及验收规范》（GY 5055—2008）、公共广播系统工程技术标准》（GB/T 50526—2021）、《智能建筑工程质量验收规范》（GB 50339—2013）等标准。 **工作方法：** 1. 关键词检索法	4. 依据有关标准进行测试，准确定位故障点，明确故障原因及检修复杂系数。 5. 对设备进行维修，自检结果良好，系统运行正常。规范填写故障记录单、维修记录单。 6. 严格执行有关标准、规范，遵守企业相关制度规定，恪守职业道德。

2. 五要素识图法	
3. 沟通法	
4. 表单查询法	
5. 替换法（设备替换、线缆替换）	
6. 故障排除法（跨接法、直连法、通道更换法）	
7. 测试法（软件测试、仪器仪表测试）	
劳动组织方式：	
1. 领取任务单。	
2. 有效沟通，查阅相关档案资料。	
3. 准备设备、测试总线、检测维修工具、设备及相关材料。	
4. 以独立或合作方式进行系统测试，分析故障原因，制订检修计划。	
5. 以独立或合作方式进行设备检修。	
6. 自检合格后恢复系统功能。	

课程目标

学习完本课程后，学生应当能够胜任会议广播系统测试与检修工作，包括会议音频系统测试与检修、会议视频显示系统测试与检修、会议照明系统测试与检修、会议网络系统测试与检修、广播系统测试与检修等；应具备相应的通用能力、职业素养和思政素养。具体包括：

1. 能阅读任务单，读懂施工图中各图形符号的含义，明确测试与检修工作任务，按照《电子会议系统工程施工与质量验收规范》（GB 51043—2014）、《会议电视会场系统工程施工及验收规范》（GB 50793—2012）、《扩声、会议系统安装工程施工及验收规范》（GY 5055—2008）、《公共广播系统工程技术标准》（GB/T 50526—2021）、《智能建筑工程质量验收规范》（GB 50339—2013）等标准进行测试与检修；具备信息检索能力，养成规范意识。

2. 能准确查阅项目竣工报告、系统操作说明书、历史检修记录单、运行管理记录单、检测报告、测试记录等档案；具备文档查阅能力，养成规范意识。

3. 能依据测试与检修要求，以及系统操作说明书、运行管理记录单、检测报告、测试记录等档案资料，正确选择所需设备、测试线、检测维修工具及相关设施设备，做好测试检修前的准备；具备理解与表达能力、交往与合作能力。

4. 能利用工具，与组员团结协作，共同分析并制订检修计划；按照计划规范操作，严格遵守安全操作规范，分工协作完成会议音频系统、会议视频显示系统、会议照明系统、会议网络系统、广播系统测试与检修任务；能准确定位故障点，明确故障原因，并进行修复；具备理解与表达能力、交往与合作能力、养成环保意识、时间意识、成本意识、服从管理意识、安全操作意识。

5. 能按照操作规范进行设备自检并试运行，恢复系统功能；能将异常现象、故障原因用文字描述清楚，规范地填入检修记录单中；能团结协作，利用多媒体设备和专业术语对工作情况进行记录、评价，将工程交付验收；具备资料汇总、文件归档的能力，具有工匠精神和质量管控意识。

6. 按照相关管理规定，清理现场并归还工具、设备，遵守"7S"管理制度，完成技术资料交付和验收工作并进行汇报；具备交往与合作能力，具有环保意识、工匠精神。

学习内容

本课程主要学习内容包括：

一、任务解读

1. 实践知识

（1）会议广播系统故障的测试、分析，测试检修相关关键词的搜索。

（2）施工图的识读。

（3）任务单的识读（包括测试内容、功能项目清单、检修工作单、工具清单等）。

2. 理论知识

（1）关键词检索法。

（2）五要素识图法。

（3）会议音频系统、会议视频显示系统、会议照明系统、会议网络系统、广播系统的概念与组成。

（4）有关技术资料的内容，包括安全操作规程、施工图、任务单、设备说明书、相关技术手册、标准、工艺文件，如《电子会议系统工程施工与质量验收规范》（GB 51043—2014）第 10、11 章，《会议电视会场系统工程施工及验收规范》（GB 50793—2012）第 4、5 章，《扩声、会议系统安装工程施工及验收规范》（GY 5055—2008）第 7 章，《公共广播系统工程技术标准》（GB/T 50526—2021）、《智能建筑工程质量验收规范》（GB 50339—2013）第 11、12 章有关内容。

（5）现场检修标准。

二、故障了解与技术资料查阅

1. 实践知识

（1）故障现象、故障位置、故障发生时间的问询。

（2）历史检修记录单、运行管理记录单、检测报告等资料的查询。

2. 理论知识

（1）项目竣工报告的内容与要点（含设备清单、系统图、接线图、点位表等）。

（2）设备说明书（含常见故障判断）。

（3）故障记录单、检测报告、运行管理记录等档案的内容与要点。

（4）沟通法。

（5）表单查询法。

三、物料准备

1. 实践知识

（1）螺钉旋具、水平仪、电钻、斜口钳、小型便携式老虎钳、支撑钳、万用表、电烙铁、网络测试仪、压线钳、电源线、视频线、音频线、网线等工具、材料的领取。

（2）话筒、功率放大器、音箱、调音台、显示设备、会议主机、会议代表单元、多点控制单元、调光台、光束灯、三基色会议灯、网闸、矩阵设备等设备的核对与领取。

（3）安全防护用品的准备。

2. 理论知识

（1）会议网络系统设备的分类及使用方法。

（2）音频分析仪等专用检测工具的使用方法。

（3）检修设备的分类及型号。

（4）电源线、视频线、音频线、网线的使用场合。

四、故障分析与处理

1. 实践知识

（1）部件、线缆、通道的更换。

（2）故障的排除（运用跨接法、直连法、通道更换法）。

（3）网络测试仪、万用表、音频分析仪等工具的使用。

2. 理论知识

（1）会议广播系统的组成、工作原理。

（2）典型设备的功能和使用方法，如话筒、功率放大器、音箱、调音台、显示设备、会议主机、会议代表单元、调光台、光束灯、三基色会议灯、多点控制单元（视频会议服务器）、Gatekeeper（网闸）、矩阵设备、会议室终端、桌面型终端的功能和使用方法。

（3）测试法（软件测试、仪器测试）。

五、故障记录单、维修记录单填写

1. 实践知识

（1）资料的整理。

（2）故障记录单、维修记录单的填写，验收表单的填写。

（3）表单的归档，交付验收。

2. 理论知识

（1）故障记录单、维修记录单的组成要素。

（2）"7S"管理制度。

六、通用能力、职业素养和思政素养

自主学习、自我管理、信息检索、理解与表达、交往与合作、创新思维、解决问题等通用能力，安全意识、质量意识、规范意识、效率意识、成本意识、环保意识、市场意识、服务意识等职业素养，以及劳模精神、劳动精神、工匠精神等思政素养。

参考性学习任务

序号	名称	学习任务描述	参考学时
1	会议音频系统测试与检修	某学校在全校大会前，对会议室的音频系统进行测试，发现会议室音频系统话筒无声，需要对故障进行维修。 学生作为施工人员，完成以下操作： （1）领取任务单，与学校管理人员沟通以了解现场情况，查阅项目竣工报告、系统操作说明书及检修记录单等档案资料，熟悉工作现场环境，明确测试范围。 （2）分析设备异常现象，初步判断异常原因，确定测试方法。 （3）领取测试总线、检测维修工具及相关材料，在工作现场悬挂维修标志牌，进行系统测试，判断故障点。 （4）测试结束后停止设备运行，断开电源，必要时将设备接地，检测设备，确认故障原因及检修复杂系数，制订检修计划。 （5）按照检修计划及操作规范，正确使用工具检查设备，实时诊断故障并进行故障部件的检测、拆卸、更换等工作；检修完成后进行设备自检并试运行，确保系统恢复正常。 （6）填写检修记录单，对工作进行记录、评价，交付验收。 在任务实施过程中，学生应严格执行有关标准，包括《电子会议系统工程施工与质量验收规范》（GB 51043—2014），《会议电视会场系统工程施工及验收规范》（GB 50793—2012）、《扩声、会议系统安装工程施工及验收规范》（GY 5055—2008）、《智能建筑工程质量验收规范》（GB 50339—2013）等；执行"7S"管理制度等企业各项规章制度，具有规范意识、标准意识、安全意识，恪守从业人员的职业道德。	24
2	会议视频显示系统测试与检修	某学校在全校大会前，对会议室的会议视频显示系统进行测试，发现终端启动但未入会，主电视屏幕上既不显示遥控器画面，也不显示本端图像。 学生作为施工人员，完成以下操作： （1）领取任务单，与学校管理人员沟通以了解现场情况，查阅项目竣工报告、系统操作说明书及检修记录单等档案资料，熟悉工作现场环境，明确测试范围，包括视频通话显示系统、视频会议摄像机、视频网络系统、多点控制单元等。 （2）分析设备异常现象，初步判断异常原因，确定测试方法。 （3）领取设备、测试总线、检测维修工具及相关材料，在工作现场悬挂维修标志牌，进行系统测试，判断故障点。	24

| 2 | 会议视频显示系统测试与检修 | （4）测试结束后停止设备运行，断开电源，必要时将设备接地，检测设备，确认故障原因及检修复杂系数，制订检修计划。

（5）按照检修计划及操作规范，正确使用工具检查设备，实时诊断故障并进行故障部件的检测、拆卸、更换等工作，检修完成后进行设备自检并试运行，确保系统恢复正常。

（6）填写检修记录单，对工作进行记录、评价，交付验收。

在任务实施过程中，学生应严格执行有关标准，包括《电子会议系统工程施工与质量验收规范》（GB 51043—2014），《会议电视会场系统工程施工及验收规范》（GB 50793—2012）、《智能建筑工程质量验收规范》（GB 50339—2013）等；执行"7S"管理制度等企业各项规章制度，具有规范意识、标准意识、安全意识，恪守从业人员的职业道德。 | |
| 3 | 会议照明系统测试与检修 | 某学校在全校大会前，对会议室的会议照明系统进行测试，发现面光灯具打开后，灯光低频闪烁。

学生作为施工人员，完成以下操作：

（1）领取任务单，与学校管理人员沟通以了解现场情况，查阅项目竣工报告、系统操作说明书及检修记录单等档案资料，熟悉工作现场环境，明确测试范围，包括面光灯具、环境照明灯具、音视频系统、电动百叶窗、投影仪等。

（2）分析设备异常现象，初步判断异常原因，确定测试方法。

（3）领取测试总线、检测维修工具及相关材料，在工作现场悬挂维修标志牌，进行系统测试，判断故障点。

（4）测试结束后停止设备运行，断开电源，必要时将设备接地，检测设备，确认故障原因及检修复杂系数，制订检修计划。

（5）按照检修计划及操作规范，正确使用工具检查设备，实时诊断故障并进行故障部件的检测、拆卸、更换等工作；检修完成后进行设备自检并试运行，确保系统恢复正常。

（6）填写检修记录单，对工作进行记录、评价，交付验收。

在任务实施过程中，学生应严格执行有关标准，包括《电子会议系统工程施工与质量验收规范》（GB 51043—2014），《会议电视会场系统工程施工及验收规范》（GB 50793—2012）、《扩声、会议系统安装工程施工及验收规范》（GY 5055—2008）、《智能建筑工程质量验收规范》（GB 50339—2013）等；执行"7S"管理制度等企业各项规章制度，具有规范意识、标准意识、安全意识，恪守从业人员的职业道德。 | 20 |

| 4 | 会议网络系统测试与检修 | 某学校在全校大会前，对会议的会议网络系统进行测试，发现入会后本端看到的远端图像模糊，有马赛克、图像静止、图像不连续等现象。

学生作为施工人员，完成以下操作：

（1）领取任务单，与学校管理人员沟通以了解现场情况，查阅项目竣工报告、系统操作说明书及检修记录单等档案资料，熟悉工作现场环境，明确检测范围，包括多点控制单元（视频会议服务器）、会议室终端、桌面型终端、Gatekeeper（网闸）等。

（2）分析设备异常现象，初步判断异常原因，确定测试方法。

（3）领取测试总线、检测维修工具及相关材料，在工作现场悬挂维修标志牌，进行系统测试，判断故障点。

（4）测试结束后停止设备运行，断开电源，必要时将设备接地，检测设备，确认故障原因及检修复杂系数，制订检修计划。

（5）按照检修计划及操作规范，正确使用工具检查设备，实时诊断故障并进行故障部件的检测、拆卸、更换等工作；检修完成后进行设备自检并试运行，确保系统恢复正常。

（6）填写检修记录单，对工作进行记录、评价，交付验收。

在任务实施过程中，学生应严格执行有关标准，包括《电子会议系统工程施工与质量验收规范》（GB 51043—2014），《会议电视会场系统工程施工及验收规范》（GB 50793—2012）、《扩声、会议系统安装工程施工及验收规范》（GY 5055—2008）、《智能建筑工程质量验收规范》（GB 50339—2013）等；执行"7S"管理制度等企业各项规章制度，具有规范意识、标准意识、安全意识，恪守从业人员的职业道德。 | 20 |
| 5 | 广播系统测试与检修 | 某学校在全校大会前，对校园广播系统进行测试，发现广播系统扬声器出现杂音或啸叫现象。

学生作为施工人员，完成以下操作：

（1）领取任务单，与学校管理人员沟通以了解现场情况，查阅项目竣工报告、系统操作说明书及检修记录单等档案资料，熟悉工作现场环境，明确检测范围，包括播放器、功率放大器、矩阵设备、扬声器等。

（2）分析设备异常现象，初步判断异常原因，确定测试方法。

（3）领取测试总线、检测维修工具及相关材料，在工作现场悬挂维修标志牌，进行系统测试，判断故障点。

（4）测试结束后停止设备运行，断开电源，必要时将设备接地，检测设备，确认故障原因及检修复杂系数，制订检修计划。 | 20 |

| 5 | 广播系统测试与检修 | （5）按照检修计划及操作规范，正确使用工具检查设备，实时诊断故障并进行故障部件的检测、拆卸、更换等工作；检修完成后进行设备自检并试运行，确保系统恢复正常。
（6）填写检修记录单，对工作进行记录、评价，交付验收。
在任务实施过程中，学生应严格执行有关标准，包括《公共广播系统工程技术标准》（GB/T 50526—2021）、《智能建筑工程质量验收规范》（GB 50339—2013）等；执行"7S"管理制度等企业各项规章制度，具有规范意识、标准意识、安全意识，恪守从业人员的职业道德。 | |

教学实施建议

1. 师资

授课教师应具有会议广播系统测试与检修实践经验，并能够独立或合作完成相关工学一体化课程教学设计与实施、工学一体化课程教学资源的选择与应用。

2. 教学组织方式方法

采用行动导向的教学方法。为确保教学安全，增强教学效果，建议采用分组教学的方式（4~6人/组），参与教学的班级人数不超过35人。在学生完成工作任务的过程中，教师须加强示范与指导，注重学生职业素养和规范操作习惯的培养。

教师在讲授或演示教学中，应借助多媒体教学设备，配备丰富的多媒体课件和相关教学辅助设备。

3. 工具、材料与设备

工具、材料与设备按组配置。

（1）工具

螺钉旋具、水平仪、电钻、斜口钳、小型便携式老虎钳、支撑钳、电烙铁、测试总线、压线钳等。

万用表、音频分析仪、照度计、色温测试仪、网络测试仪等仪器仪表。

（2）材料

音频线、电源线、信号线、视频线、网线、接地线、光纤、HDMI线、控制线、DVI线、RCA音频莲花头、卡侬头、3.5 mm音频头、6.5 mm音频头、BNC头、VGA头等。

（3）设备

话筒、功率放大器、音箱、调音台等。

显示设备、会议主机、会议代表单元、摄像机、计算机等。

调光台、光束灯、三基色会议灯等。

多点控制单元（视频会议服务器）、会议室终端、桌面型终端、Gatekeeper（网闸）等。

播放器、功率放大器、矩阵设备、扬声器等。

4. 教学资源

（1）教学场地

会议广播系统测试与检修工学一体化学习工作站须具备良好的安全、照明和通风条件，可分为集中教学区、分组教学区、信息检索区、工具存放区、材料存放区和成果展示区，并配备相应的多媒体教学设备，面积以至少能同时容纳 35 人开展教学活动为宜。

（2）教学资料

以工作页为主，配备相关信息页、安全操作规程、施工图、任务单、设备说明书、相关技术手册及标准、工艺文件等。

5. 教学管理制度

执行工学一体化教学场所的管理规定。如需要进行校外认识实习和岗位实习，应严格遵守生产性实训基地管理制度、企业实习管理制度。

教学考核要求

采用过程性考核与终结性考核相结合的形式。

1. 过程性考核

采用自我评价、小组评价和教师评价相结合的方式进行考核，让学生学会自我评价。教师要观察学生的学习过程，结合学生的自我评价、小组评价进行总评，并提出改进建议。

（1）课堂考核

考核出勤、学习态度、课堂纪律、小组合作与展示等情况。

（2）作业考核

考核工作页的完成、成果展示、课后练习等情况。

（3）阶段考核

书面测试、实操测试、口述测试。

2. 终结性考核

应围绕本课程目标，结合课程终结性考核要点，选择企业真实工作任务或设计学习任务进行终结性考核。

学生应根据任务要求，查找相关标准和作业规范，明确作业流程，并按照作业规范和工艺要求，在规定时间内完成会议广播系统的测试、检修，作业结果符合规定的技术标准。

考核任务案例：模拟场地会议广播系统测试与检修

【情境描述】

某维修保养公司接到会议广播系统测试与检修任务，技术人员根据设计图纸、布线图纸等进行会议广播系统的日常测试及检修工作，测试时发现纯后级功率放大器，打开功率放大器，面板指示灯亮起，但音箱里没有电流声。

【任务要求】

按照《公共广播系统工程技术标准》（GB/T 50526—2021）、《智能建筑工程质量验收规范》（GB 50339—2013）等相关标准及客户要求，在半天内完成本次测试检修任务，进行规范记录，并交付客户正常使用。本任务将产生以下结果：

1. 根据情境描述与任务要求，明确工作任务与要求，列出所需工具与设备清单。

2. 查阅竣工报告、系统操作说明书及维修记录单等档案。

3. 列出测试范围，写出检修工作计划。

4. 按照检修工作计划，完成会议广播系统检修，填写检修记录单。

5. 会议广播系统故障查找，故障原因、故障类型分析。

6. 故障排除，系统正常运行。

7. 总结本次工作中遇到的问题，思考解决方法。

【参考资料】

完成上述任务时，可以使用常见的教学资料，如工作页、信息页、个人笔记、设备说明书、安全操作规程、有关标准等。

（十二）建筑设备监控系统检测与维护课程标准

工学一体化课程名称	建筑设备监控系统检测与维护	基准学时	180
典型工作任务描述			

　　建筑设备监控系统是对建筑物机电系统进行自动监测、自动控制、自动调节和自动管理的系统。通过建筑设备监控系统，可实现暖通空调系统、给水排水系统、照明系统等建筑物机电系统安全、高效、可靠、节能运行，实现对建筑物的科学化管理。在智能楼宇建筑设备监控系统运行过程中，需要定期完成建筑设备监控系统检测与维护工作。维护人员需要依据检测与维护标准和安全规程，完成照明监控系统、暖通空调监控系统、给水排水监控系统的检测与维护工作，达到所需技术要求。

　　建筑设备监控系统检测与维护工作一般由物业类或工程类企业中的维护人员完成。维护人员根据不同环境的技术需求，完成建筑设备监控系统检测与维护工作，以确保建筑设备监控系统能够稳定运行。具体流程如下：

　　1. 领取任务单，认真阅读，明确工作内容及工作要求，完成相关设备说明书、系统检测维护手册、图纸的查阅。

　　2. 勘查作业现场，制订工作计划，正确选择所需设备、工具、材料，以独立或合作形式，分时段分区域完成系统功能、系统软件及硬件的检测与维护工作。

　　3. 进行系统软件及硬件的检测与维护工作时，该区域控制器所控制的设备应设为手动状态，由现场人员暂时监管，待检测与维护工作结束后方可自动运行。

　　4. 若检测与维护过程中发现控制器点位异常、传感器监测数据偏差较大等故障，应及时进行检修。必要时断开电源，将设备接地，检测设备、线路及程序，分析故障。

　　5. 按照操作规范，正确使用工具进行故障设备的拆卸、维修或更换，线路的紧固或更换，程序的升级等工作。

　　6. 待检测与维护工作结束后，进行系统自检并试运行，确保系统处于良好运行状态。

检测与维护工作过程中，维护人员应严格执行《用电安全导则》（GB/T 13869—2017）、《智能建筑工程施工规范》（GB 50606—2010）、《建筑设备监控系统工程技术规范》（JGJ/T 334—2014）、《建筑电气工程施工质量验收规范》（GB 50303—2015）等标准；执行"7S"管理制度等企业各项规章制度，具备规范意识、标准意识、安全意识，恪守从业人员的职业道德。

工作内容分析

工作对象：	工具、材料、设备与资料：	工作要求：
1. 任务单的领取和阅读（了解需检测与维护的系统与设备、检测维护内容、工期、要求等）。 2. 工作计划的制订，现场勘查，工具、材料的准备。 3. 建筑设备监控系统的检测与维护，包括系统电气控制柜的检测与维护、控制器的检测与维护、传感器的检测与维护、执行器的检测与维护、通信设备的检测与维护、系统软件的检测与升级、系统功能的检测与维护。 4. 系统的自检、试运行，系统检测维护报告的填写。 5. 现场的清理，工具、设备的归还，资料的归档。	1. 工具 螺钉旋具、斜口钳、剥线钳、压线钳、打线器、卷尺、铆钉枪、钢锯、管钳、管子割刀、卡轨切割器、电烙铁、热风枪等。 万用表、钳形电流表、网络测试仪、风速测试仪、手持温湿度测量仪、压力测试仪等仪器仪表。 2. 材料 超五类线、绝缘导线、电缆等。 3. 设备 （1）计算机。 （2）供配电监控系统设备，如数据采集器、电流变送器、电压变送器、功率因数变送器、有功功率变送器、智能电表等。 （3）照明监控系统设备，如智能灯光控制模块、LED灯驱动器、LED灯、光照度传感器、红外探测器、声控开关等。 （4）暖通空调监控系统设备，如DDC控制器、温湿度传感器、水温传感器、压差开关、冷冻开关、电动风阀、电动水阀、电动蒸汽阀、空气质量传感器等。 （5）给水排水监控系统设备，如PLC控制器、压力传感器、流量传感器、水流开关、电动蝶阀、电动水阀等。 4. 资料 安全操作规程、系统图、各控制系统原理图、点位表、相关技术手册及标准、工艺文件等。 **工作方法：** 1. 任务要点提炼法 2. 案例沟通法	1. 与主管有效沟通，准确理解工作内容及工作要求。 2. 全面认知现场，工作计划可实施，正确选用工具、材料。 3. 按照系统检测维护手册，对系统全面进行检测与维护，操作符合有关标准及企业相关规定。 4. 对系统、设备进行检修，排除故障。 5. 自检、试运行符合相关标准及规定。报告准确、系统、规范。 6. 严格执行有关标准、规范，遵守企业相关制度规定，恪守职业道德。

3. 思维导图分析法 4. 现场交流法 5. 功能核查法 6. 案例分析法 7. 故障树分析法 8. 故障复盘 RASA 方法 **劳动组织方式：** 1. 领取任务单。 2. 勘查现场，独立与现场技术人员交流。 3. 选择并领取设备、工具、材料、资料。 4. 以独立或合作方式完成系统检测与维护。 5. 以独立或合作方式处理故障。	

课程目标

学习完本课程后，学生应当能胜任建筑设备监控系统（包括照明监控系统、暖通空调监控系统、给水排水监控系统等）检测与维护的工作，应具备相应的通用能力、职业素养和思政素养。具体包括：

1. 能够阅读任务单，读懂建筑设备监控系统施工图、系统图及原理图，查阅《用电安全导则》（GB/T 13869—2017）等相关标准、系统检测维护手册，采用任务要点提炼法、案例沟通法确定检测与维护对象、工期、要求，确保工作内容及要求解读全面、准确、清晰，具备沟通交流能力、较复杂信息的检索能力，养成规范意识。

2. 能够按照任务要求，根据建筑设备监控系统施工图，结合现场情况，完成设备、工具、材料的确认与领用，并使用思维导图分析法分析现场情况，完成工作计划的制订，确保工作计划清晰、可实施，设备工具材料领用单全面、准确、清晰；具备沟通与表达能力，具有成本控制意识、时间意识以及以人为本、绿色节能的理念。

3. 能依据任务要求，根据系统检测维护手册、图纸、点位表、设备说明书、相关标准及规范，规范使用工具，以小组合作形式按计划完成硬件系统、软件系统、系统功能三方面的检测与维护，确保全面无遗漏；通过组内协作分析并明确故障原因，高效完成系统故障检修工作；规范填写检测维护报告、故障处理记录单，确保故障排除彻底无隐患；具备合作能力、自主学习能力与解决复杂问题的能力，具有不留安全隐患、持续改进的责任意识。

4. 能依据任务要求，结合工作计划，规范操作，完成系统检测与维护工作，然后进行自检，确保检测与维护点无遗漏；随后进行试运行，观测运行状态并及时解决问题，确保建筑设备监控系统处于良好运行状态；具有爱岗敬业的职业精神以及诚实、守信的职业道德。

5. 能使用故障复盘 RASA 方法完成作业过程中故障现象、原因、解决措施的分析与记录，确保故障记录清晰可查；能够按照企业相关管理办法，完成交付验收；能够进行小组合作，使用多媒体设备和专业术语完成总结汇报；具备一定自主学习能力、为客户负责的责任意识及自律自省的职业精神。

学习内容

本课程主要学习内容包括：

一、任务解读

1. 实践知识

（1）任务要点的提炼法。

（2）任务单的解读（内容包括待检测与维护的系统与设备，检测维护的内容、工期、要求等）。

（3）技术资料的识读（包括施工图、系统图、原理图等）。

（4）系统检测维护手册的查阅。

2. 理论知识

（1）建筑设备监控系统设备维护保养的具体内容。

（2）控制器及辅助控制箱维护保养的具体内容。

（3）传感器和执行器维护保养的具体内容。

（4）楼宇自动控制系统各子系统工作状态检测的具体内容。

（5）《用电安全导则》（GB/T 13869—2017）等安全标准的内容。

二、工作计划的制订

1. 实践知识

（1）各系统检测时间段的选择。

（2）检测与维护工作计划表的制订。

（3）系统运行情况的分析。

2. 理论知识

（1）现场交流法。

（2）思维导图分析法。

（3）各系统检测时间段确定的原则，如分时段分区域检测、考虑系统服务人群特点、最大限度地不影响服务对象的正常使用等。

三、系统检测维护与故障维修

1. 实践知识

（1）系统功能检测与维护、系统硬件检测与维护（包括电气控制柜、控制器、传感器、执行器等）、系统软件检测与维护（包括中央控制站运行平台系统检测、升级等）。

（2）故障原因的分析。

（3）故障设备的拆卸、维修或更换，线路的紧固或更换，程序的升级。

（4）控制器点位异常、传感器监测数据偏差较大等故障的排除。

（5）钳形电流表、风速测试仪、手持温湿度测量仪、压力测试仪的使用方法。

（6）逻辑编程软件的使用（程序升级、程序检测）。

（7）上位机画面编辑软件的使用（查看通信状况、画面数据值）。

2. 理论知识

（1）功能核查法。

（2）案例分析法。

（3）故障树分析法。

（4）中央控制站的网络接口单元。

（5）照明监控系统、暖通空调监控系统、给水排水监控系统的监控内容、监控原理。

（6）PLC控制器、DDC控制器、智能灯光控制模块等控制器的通信方式。

（7）模拟量常见数据类型（直流电压 0~10 V、直流电流 4~20 mA、铂电阻或热敏电阻）。

（8）物理信号与电信号的转换原理。

（9）故障维修记录单的组成要素。

四、自检与试运行

1. 实践知识

（1）建筑设备监控系统的运行观测。

（2）系统检测与维护报告的填写。

2. 理论知识

（1）系统检测与维护报告的组成要素。

（2）自检的作用与必要性。

五、交付验收与资料归档

1. 实践知识

系统检测与维护过程中的故障复盘。

2. 理论知识

故障复盘 RASA 方法（回顾、分析、总结、行动）。

六、通用能力、职业素养和思政素养

自主学习、自我管理、信息检索、理解与表达、交往与合作、创新思维、解决问题等通用能力，安全意识、质量意识、规范意识、效率意识、成本意识、环保意识、市场意识、服务意识等职业素养，以及劳模精神、劳动精神、工匠精神等思政素养。

参考性学习任务			
序号	名称	学习任务描述	参考学时
1	照明监控系统检测与维护	某智能大厦的物业工程部要完成照明监控系统的检测与维护任务，此任务由工程部的弱电组完成，要求对照明监控系统的所有硬件、软件及功能进行检测与维护，并对遇到的故障进行分析、检修，消除系统运行安全隐患，确保系统处于良好的运行状态。	40

| 1 | 照明监控系统检测与维护 | 学生作为施工人员，完成以下操作：
（1）领取任务单，明确工作内容及工作要求。
（2）勘查现场，制订工作计划，领取所需工具、材料及资料。
（3）依据任务要求，按照系统检测维护手册、图纸、点位表，以及相关标准、技术规范，规范使用工具，以团队合作形式完成系统检测与维护，包括照明监控系统软件的检测与维护，照明监控系统硬件（如智能照明模块、光照度传感器、红外探测器、LED灯驱动器、LED灯等）的检测与维护，照明监控系统功能的检测与维护。
（4）组内协作分析并明确故障原因，高效完成系统故障检修工作；规范填写检测维护报告、故障处理记录单。
（5）按照操作规范完成系统自检与试运行，及时处理问题，确保照明监控系统处于良好运行状态。
（6）能将系统检测与维护过程、遇到的故障现象及原因用文字描述清楚，填入检测维护记录单中；团结协作，利用多媒体设备和专业术语进行总结汇报，交付验收。
在任务实施过程中，学生应安全规范操作，与团队成员有效沟通合作，独立或合作发现问题、分析问题、解决问题，提出自己的创新见解，最后总结归纳整理，形成档案；具备成本控制意识、工匠精神、劳模精神。 | |
| 2 | 暖通空调监控系统检测与维护 | 某智能大厦的物业工程部要完成暖通空调监控系统的检测与维护任务，此任务由工程部的弱电组完成，要求对暖通空调监控系统的所有硬件、软件及功能进行检测与维护，并对遇到的故障进行分析检修，消除系统运行安全隐患，确保系统处于良好的运行状态。
学生作为施工人员，完成以下操作：
（1）领取任务单，明确工作内容及工作要求。
（2）勘查现场，制订工作计划，领取所需工具、材料及资料。
（3）依据任务要求，按照系统检测维护手册、图纸、点位表，以及相关标准、技术规范，规范使用工具，以团队合作形式完成系统检测与维护，包括暖通空调监控系统软件的检测与维护，暖通空调监控系统硬件（如DDC点位检测器、温湿度传感器、水温传感器、压差开关、冷冻开关、电动风阀、电动水阀、电动蒸汽阀、空气质量传感器等）的检测与维护，暖通空调监控系统功能的检测与维护。
（4）组内协作分析并明确故障原因，高效完成系统故障检修工作；规范填写检测维护报告、故障处理记录单。 | 90 |

2	暖通空调监控系统检测与维护	（5）按照操作规范完成系统自检与试运行，及时处理问题，确保暖通空调监控系统处于良好运行状态。 （6）能将系统检测与维护过程、遇到的故障现象及原因用文字描述清楚，填入检测维护记录单中；团结协作，利用多媒体设备和专业术语进行总结汇报，交付验收。 　　在任务实施过程中，学生应安全规范操作，与团队成员有效沟通合作，独立或合作发现问题、分析问题、解决问题，提出自己的创新见解，最后总结归纳整理，形成档案；具备成本控制意识、工匠精神、劳模精神。	
3	给水排水监控系统检测与维护	某智能大厦的物业工程部要完成给水排水监控系统的检测与维护任务，此任务由工程部的弱电组完成，要求对给水排水监控系统的所有硬件、软件及功能进行检测与维护，并对遇到的故障进行分析检修，消除系统运行安全隐患，确保系统处于良好的运行状态。 　　学生作为施工人员，完成以下操作： （1）领取任务单，明确工作内容及工作要求。 （2）勘查现场，制订工作计划，领取所需工具、材料及资料。 （3）依据任务要求，按照系统检测维护手册、图纸、点位表，以及相关标准、技术规范，规范使用工具，以团队合作形式完成系统检测与维护，包括给水排水监控系统软件的检测与维护，给水排水监控系统硬件（如 PLC 控制器、变频器、水压传感器、流量传感器、水流开关、液位开关、变频水泵等）的检测与维护，给水排水监控系统功能的检测与维护。 （4）组内协作分析并明确故障原因，高效完成系统故障检修工作；规范填写检测维护报告、故障处理记录单。 （5）按照操作规范完成系统自检与试运行，及时处理问题，确保给水排水监控系统处于良好运行状态。 （6）能将系统检测与维护过程、遇到的故障现象及原因用文字描述清楚，填入检测维护记录单中；团结协作，利用多媒体设备和专业术语进行总结汇报，交付验收。 　　在任务实施过程中，学生应安全规范操作，与团队成员有效沟通合作，独立或合作发现问题、分析问题、解决问题，提出自己的创新见解，最后总结归纳整理，形成档案；具备成本控制意识、工匠精神、劳模精神。	50

教学实施建议

1. 师资

授课教师应具有建筑设备监控系统检测与维护实践经验，并能够独立或合作完成相关工学一体化课程教学设计与实施、工学一体化课程教学资源选择与应用。

2. 教学组织方式方法

采用行动导向的教学方法。为确保教学安全，增强教学效果，建议采用分组教学的方式（4~5人/组），参与教学的班级人数不超过35人。在学生完成工作任务的过程中，教师须加强示范与指导，注重学生职业素养和规范操作习惯的培养。

教师在讲授或演示教学中，应借助多媒体教学设备，配备丰富的多媒体课件和相关教学辅助设备。

3. 工具、材料与设备

（1）按人配置

安全防护用品：安全帽。

工具：螺钉旋具、斜口钳、剥线钳、压线钳、打线器、卷尺、铆钉枪、钢锯、管钳、管子割刀、卡轨切割器、电烙铁、热风枪等。

材料：超五类线、绝缘导线、电缆等。

（2）按组配置

仪器仪表：万用表、钳形电流表、网络测试仪、风速测试仪、手持温湿度测量仪、压力测试仪等。

辅助材料：接线端子、焊锡丝等。

设备：计算机及以下几类设备。

1）供配电监控系统设备，如数据采集器、电流变送器、电压变送器、功率因数变送器、有功功率变送器、智能电表等。

2）照明监控系统设备，如智能灯光控制模块、LED灯驱动器、LED灯、光照度传感器、红外探测器、声控开关等。

3）暖通空调监控系统设备，如DDC控制器、温湿度传感器、水温传感器、压差开关、冷冻开关、电动风阀、电动水阀、电动蒸汽阀、空气质量传感器等。

4）给水排水监控系统设备，如PLC控制器、压力传感器、流量传感器、水流开关、电动蝶阀、电动水阀等。

4. 教学资源

（1）教学场地

建筑设备监控系统检测与维护工学一体化学习工作站须具备良好的安全、照明和通风条件，可以分为集中教学区、分组教学区、信息检索区、工具存放区、材料存放区和成果展示区，并配备多媒体教学设备，面积以至少能同时容纳35人开展教学活动为宜。

（2）教学资料

以工作页为主，配备相关信息页、图纸、监控点位表、设备说明书、系统检测维护手册、相关标准及技术规范等。

5. 教学管理制度

执行工学一体化教学场所的管理规定。如需要进行校外认识实习和岗位实习，应严格遵守生产性实训基地管理制度、企业实习管理制度。

教学考核要求

采用过程性考核与终结性考核相结合的形式。

1. 过程性考核

采用自我评价、小组评价和教师评价相结合的方式进行考核，让学生学会自我评价。教师要观察学生的学习过程，结合学生的自我评价、小组评价进行总评，并提出改进建议。

（1）课堂考核

考核出勤、学习态度、课堂纪律、小组合作与展示等情况。

（2）作业考核

考核工作页的完成、成果展示、课后练习等情况。

（3）阶段考核

书面测试、实操测试、口述测试。

2. 终结性考核

应围绕本课程目标，结合课程终结性考核要点，选择企业真实工作任务或设计学习任务进行终结性考核。

学生应根据任务要求，核对所提供的工具、设备、材料、资料等，编写建筑设备监控系统检测与维护的工作计划，在规定的时间内完成建筑设备监控系统检测并分析排除检测中出现的故障，使建筑设备监控系统达到良好的运行状态。

考核任务案例：模拟施工场地建筑设备监控系统检测与维护

【情境描述】

某智能大厦的物业工程部要完成建筑设备监控系统的定期检测与维护任务，此任务由工程部的弱电组完成，要求对建筑设备监控系统的所有设备及软件功能进行检测与维护，对遇到的故障进行分析、排除，并将检测与维护记录规范地填写到报告中。

【任务要求】

按照《智能建筑工程施工规范》（GB 50606—2010）、《建筑设备监控系统工程技术规范》（JGJ/T 334—2014）、《建筑电气工程施工质量验收规范》（GB 50303—2015）等相关标准及客户要求，完成本次检测与维护任务，进行规范记录，并交付客户正常使用。本任务将产生以下结果：

1. 勘查现场，制订工作计划，绘制甘特图。

2. 规范使用工具等，按照计划完成建筑设备监控系统检测任务。

3. 建筑设备监控系统检测全面，不能漏项、缺项。

4. 在规定时间内，分析并排除建筑设备监控系统故障，使建筑设备监控系统能够良好运行。

5. 规范填写检测报告及故障处理记录单。

6. 思考本次工作中遇到的问题，总结解决方法和步骤。

【参考资料】

完成上述任务时，可以使用常见的教学资源，如工作页、信息页、系统使用手册、设备说明书、维修手册、技术标准、技术规程、个人笔记及数字化资源等。

（十三）建筑设备监控系统编程调试课程标准

工学一体化课程名称	建筑设备监控系统编程调试	基准学时	216

典型工作任务描述

建筑设备自动化系统是对建筑物机电系统进行自动监测、自动控制、自动调节和自动管理的系统。通过建筑设备自动化系统，可以实现暖通空调系统、给水排水系统、照明系统等建筑物机电系统安全、高效、可靠、节能运行，实现对建筑物的科学化管理，狭义的建筑设备自动化系统也称为建筑设备监控系统。在智能楼宇建筑设备监控系统建设与改造过程中，需要完成建筑设备监控系统的编程调试工作任务。技术人员需要根据有关标准、技术规范，完成照明监控系统编程调试、暖通空调监控系统编程调试、给水排水监控系统编程调试、能源管理监控系统编程调试等工作，达到所需的技术要求。

建筑设备监控系统编程调试工作一般由工程类企业的技术人员完成。技术人员根据不同客户对建筑设备监控系统的功能需求，完成建筑设备监控系统编程调试工作，以确保建筑设备监控系统能够实现对建筑物机电设备的远程监测与控制，使暖通空调系统、照明系统、给水排水系统等系统起到调节环境温湿度、耗电量、照明效果等作用。具体流程如下：

1. 技术人员从项目经理处领取任务单，根据客户和项目经理提出的要求，勘查现场，制订工作计划，正确选择调试用编程软件、工具、设备、材料。

2. 依据任务要求及技术规范，识读项目图纸及监控点位表，使用带有编程软件的便携式计算机完成建筑设备监控系统逻辑程序与监控画面程序的编写。

3. 编程结束后，规范使用测量仪器仪表检查现场设备及线路。确认设备及线路良好后，按照控制器单体调试、联网调试、系统整体调试的流程进行现场调试，实现建筑设备监控系统功能，填写系统调试报告。

4. 系统编程调试完成后进行试运行。连续 120 h 试运行正常后，清理作业现场，填写系统运行检测报告、竣工报告，同时整理工程技术材料，填写移交清单并交付项目经理验收，验收合格后交付使用。

工作过程中，施工人员应严格执行有关标准，包括《智能建筑设计标准》（GB 50314—2015）、《建筑设备监控系统工程技术规范》（JGJ/T 334—2014）、《智能建筑工程施工规范》（GB 50606—2010）、《智能建筑工程质量验收规范》（GB 50339—2013）、《建筑照明设计标准》（GB/T 50034—2024）、《民用建筑供暖通风与空气调节设计规范》（GB 50736—2012）、《公共建筑节能设计标准》（GB 50189—2015）等。在调试过程中执行"7S"管理制度等企业各项规章制度，具备规范意识、标准意识、严谨意识、安全意识，恪守从业人员的职业道德。

工作内容分析

工作对象：	设备、工具、材料与资料：	工作要求：
1. 任务单的领取和阅读。	1. 工具 螺钉旋具、剥线钳、平口钳、试电笔、裁纸刀、绝缘胶布、对讲机、万用表、手电筒等。	1. 与项目经理有效沟通，准确理解工作内容及工作要求。

2. 工作计划的制订，现场勘查（了解设备品牌、通信接口、项目特点），设备、工具、材料、资料的领取，编程软件的安装。 3. 建筑设备监控系统程序编写（包括逻辑程序的编写、监控画面程序的编写）。 4. 系统程序调试，系统调试报告填写。 5. 系统试运行，系统运行检测报告填写。 6. 现场的清理，工具、设备的归还，资料的归档。	万用表、网络测试仪等仪器仪表。 2. 材料 绝缘胶布、扎带、焊锡丝、标签、线缆、水晶头、光纤、网线、接头、开关、插座、螺钉等。 3. 设备 带有专用软件的便携式计算机、对讲机、手操器等。 4. 资料 系统结构图、系统原理图等项目图纸，设备技术资料，监控点位表，有关标准及技术规范。 **工作方法：** 1. 客户沟通法 2. 关键词检索法 3. 现场交流法 4. 思维导图分析法 5. 流程图分析法 6. 案例分析法 7. 程序调试七步法 8. 档案整理五步法 **劳动组织方式：** 1. 领取任务单。 2. 勘查现场。 3. 选择并领取设备、工具、材料、资料。 4. 独立完成程序编写。 5. 以独立或合作方式完成程序现场调试。 6. 试运行并检测合格后交付项目经理验收。 7. 归还工具、设备，将资料归档。	2. 全面认知现场，工作计划可实施，正确选择编程软件、工具、设备、材料，编程软件运行正常。 3. 逻辑程序与监控画面程序编写正确且模拟运行正常。逻辑程序严谨、无漏洞，标注清晰、可读性好，监控画面美观且易于操作。 4. 规范使用测量仪器仪表检查设备及线路，确认设备及线路良好后进行现场调试。现场调试全面细致，能够稳定实现系统功能。 5. 系统检测符合有关标准、规范及企业相关规定，报告填写准确、系统、规范。 6. 工具、设备、材料、资料核查准确，归还手续齐全，资料按照企业相关管理制度归档。 7. 严格执行有关标准、规范，遵守企业相关制度规定，恪守职业道德。

课程目标

学习完本课程后，学生应当能胜任照明监控系统编程调试、暖通空调监控系统编程调试、给水排水监控系统编程调试、能源管理监控系统编程调试工作，应具备相应的通用能力、职业素养和思政素养。具体包括：

1. 能够阅读任务单，与客户有效沟通，了解需求；会查阅《智能建筑设计标准》（GB 50314—2015）、《建筑设备监控系统工程技术规范》（JGJ/T 334—2014）等相关标准；具备多个信息处理能力、沟通与交流能力、理解与表达能力。

2. 能够通过现场勘查，明确项目特点、建筑设备品牌、通信接口、通信协议等内容；能根据任务内容及要求，结合项目特点，制订工作计划，确保工作计划满足客户需求；能完成所需设备、工具、材料的领取以及软件的安装；具有潜在风险防范意识、成本控制意识、创新意识、审美素养等职业素养，具有以人为本、绿色节能的理念。

3. 能够依据工作计划，完成流程图的绘制，确保流程图规范、清晰；能按照流程图，规范使用专用软件，参考编程指导书，独立完成建筑设备监控系统各子系统的逻辑程序及监控画面程序的编写，确保逻辑程序严谨、无漏洞，标注清晰、可读性好，模拟运行无问题。确保监控画面美观，易于操作，模拟运行无问题；具备自主学习能力、分析解决问题的能力，具有认真严谨的编程习惯、创新意识、审美意识以及攻坚克难的精神。

4. 能按照任务单、相关技术规范与图纸，规范使用测量仪器仪表，完成系统设备及线路检测，确保设备外观、电源电压、接地、接线线路良好；能完成程序现场调试，确保系统的监控功能能够稳定实现，规范填写系统调试报告；具备解决较复杂问题的能力，具有确保程序无漏洞的责任意识、劳模精神和工匠精神。

5. 能够按任务要求，依照相关有关标准、规范，完成建筑设备监控系统的自检，改正程序缺陷，确保程序无漏洞且建筑设备监控系统能够稳定实现功能，满足客户需求；具备交往与合作的能力，具有严谨的态度、责任意识以及诚实守信的职业道德。

6. 能按照相关管理规定，清理现场并归还工具、设备等，将系统程序加密存储后交付项目经理验收，并办理相关移交手续，确保程序技术资料完整移交且符合有关规定；能根据建筑设备监控系统编程调试过程，完成工作总结、汇报与评价，确保总结到位，汇报时使用专业术语，逻辑清晰，意思表达明确；具备信息处理与沟通表达能力，具有技术资料保密的责任意识。

学习内容

本课程主要学习内容包括：

一、任务解读

1. 实践知识

（1）客户沟通法的运用。

（2）建筑设备监控系统编程调试任务单的识读（包括任务内容、系统功能、技术要求、工期等）。

2. 理论知识

（1）《智能建筑设计标准》（GB 50314—2015）、《建筑设备监控系统工程技术规范》（JGJ/T 334—2014）中"功能设计"部分提出的各监控系统功能要求。

（2）典型建筑设备（如冷水机组、热交换器、空气调节机组、新风机组、照明系统设备、生活给水排水系统设备、供配电系统设备）的工作原理与监控要点。

（3）照明监控系统、暖通空调监控系统、给水排水监控系统、能源管理监控系统常见监控内容。

二、工作计划的制订

1. 实践知识

（1）现场的勘查（了解传感器、执行器和控制器的种类、型号、数量、分布等）。

（2）监控画面的性能参数、数量和分布的确定。

（3）系统网络结构和网络设备分布的确定。

（4）接口种类、数量与连接方式的确定。

（5）逻辑编程软件及监控画面编程软件的安装。

（6）工作计划的制订（内容包括工作依据、系统功能及控制策略、实现方式）。

2. 理论知识

（1）现场交流法。

（2）思维导图分析法。

（3）照明监控系统、暖通空调监控系统、给水排水监控系统、能源管理监控系统监控功能的实现方式。

（4）监控画面的性能参数、接口的作用。

三、建筑设备监控系统程序编写

1. 实践知识

（1）流程图的绘制。

（2）逻辑编程软件的使用。

1）逻辑程序的编写，包括数字量和模拟量读写程序、照明点控程序、时间表程序、灯光自动调节程序、场景控制程序、PID 控制程序、数字量报警程序、模拟量超限报警程序、顺序启停程序、冷机节能控制程序、水泵节能控制程序、水泵运行时间累计程序、能源消耗计算程序等的编写。

2）程序的调试。

（3）监控画面编程软件的使用。

1）上位机通信设置，系统登录画面、系统结构画面、照明监控系统画面、暖通空调监控系统画面、给水排水监控系统画面、能源管理监控系统画面、报警画面相关程序的编写，历史曲线画面、报表画面相关程序的编写，逻辑程序与监控画面的数据链接。

2）监控画面程序的调试。

2. 理论知识

（1）流程图分析法。

（2）案例分析法。

（3）流程图的常见符号及其含义。

（4）Modbus RTU 与 Modbus TCP/IP 的通信协议、架构、数据传输方式。

（5）数制的概念及转化。

（6）控制系统结构及常见的控制算法。

（7）PID 算法原理及相关参数的作用。

（8）电动机启停控制原理与变频调速原理。

四、建筑设备监控系统程序现场调试

1. 实践知识

（1）建筑设备监控系统逻辑程序的调试（包括核查设备及线路、打点、测试负载、手动模式调试、自动模式调试、PID 参数选择、功能调试）。

（2）建筑设备监控系统监控画面程序的调试（包括各系统画面上监测数据的读取，延迟时间、显示精度、报警画面相关程序的调试，历史曲线的调试，报表画面相关程序的调试）。

（3）逻辑程序与监控画面程序的联合调试。

（4）通信测试：计算机系统 ping 命令的应用。

（5）建筑设备监控系统调试报告的填写。

2. 理论知识

（1）程序调试七步法。

（2）PID 参数的自整定算法。

（3）Modbus 通信协议的帧结构、功能码。

（4）ping 命令的原理、作用。

（5）建筑设备监控系统调试报告的组成要素。

五、建筑设备监控系统程序运行及检测

1. 实践知识

（1）建筑设备监控系统试运行过程的监测。

（2）建筑设备监控系统运行检测报告的填写。

2. 理论知识

建筑设备监控系统运行检测报告的组成要素。

六、交付验收与资料归档

1. 实践知识

（1）逻辑编程软件的应用（加密存储）。

（2）监控画面编程软件的应用（加密存储）。

2. 理论知识

技术资料交付的内容及要求，包括监控画面操作说明、系统架构设计说明、系统数据结构说明、系统运行管理说明、系统对外接口说明。

七、通用能力、职业素养和思政素养

自主学习、自我管理、信息检索、理解与表达、交往与合作、创新思维、解决问题等通用能力，安全意识、质量意识、规范意识、效率意识、成本意识、环保意识、市场意识、服务意识等职业素养，以及劳模精神、劳动精神、工匠精神等思政素养。

参考性学习任务

序号	名称	学习任务描述	参考学时
1	照明监控系统编程调试	某智能小区拟进行照明监控系统升级改造，其中照明监控系统编程调试由项目技术组负责完成，要求按照任务单的要求，根据监控点位表及系统原理图，进行照明监控系统编程调试。 学生作为技术人员，完成以下操作： （1）领取任务单，明确工作任务及要求。 （2）检查建筑设备监控系统工作台，制订工作计划，正确选择和领取所需设备、工具、材料等。 （3）依照任务要求，独立设计并绘制流程图，规范使用编程软件，完成逻辑程序及监控画面程序的编写，包括照度等模拟量读写程序、照明点控程序、时间表程序、灯光自动调节程序、场景控制程序及照明监控画面程序。 （4）程序编写完成后，规范使用测量仪器仪表检查设备及线路。确认设备及线路良好后，按照控制器单体调试、联网调试、系统整体调试的流程进行现场调试，实现系统的监控功能。规范填写系统调试报告。 （5）能够按照任务要求，依照有关标准、规范，完成照明监控系统程序的试运行，修补程序漏洞，确保程序能够稳定运行。 （6）能按照相关管理规定，清理现场并归还工具、设备等，将系统程序及技术资料交付验收，并办理相关移交手续，完成工作总结、汇报、评价。 任务实施过程中，学生应能够自主学习简单编程语句，具有节能环保意识、创新意识及劳模精神，能对比国内外软件优劣，培养科技强国的理想。	48
2	暖通空调监控系统编程调试	某小型写字楼拟进行暖通空调监控系统建设，其中暖通空调监控系统编程调试由项目技术组负责完成，要求按照任务单的要求，根据监控点位表及系统原理图，进行暖通空调监控系统编程调试。 学生作为技术人员，完成以下操作： （1）领取任务单，明确工作任务及要求。 （2）检查建筑设备监控系统工作台，制订工作计划，正确选择、领取所需设备、工具、材料等。 （3）依照任务要求，独立设计并绘制流程图，规范使用编程软件，完成逻辑程序及监控画面程序的编写，包括PID控制程序、数字量报警程序、模拟量超限报警程序、顺序启停程序、冷机节能控制程序、暖通空调监控画面程序。	88

2	暖通空调监控系统编程调试	（4）程序编写完成后，规范使用测量仪器仪表检查设备及线路。确认设备及线路良好后，按照控制器单体调试、联网调试、系统整体调试的流程进行现场调试，实现系统的监控功能。规范填写系统调试报告。 （5）能够按照任务要求，依照有关标准、规范，完成暖通空调监控系统程序的试运行，修补程序漏洞，确保程序能够稳定运行。 （6）能按照相关管理规定，清理现场并归还工具、设备等，将系统程序及技术资料交付验收，办理相关移交手续，完成工作总结、汇报、评价。 任务实施过程中，学生应能够自主学习简单编程语句，具有节能环保意识、创新意识及劳模精神，培养科技强国的理想。	
3	给水排水监控系统编程调试	某智能小区拟进行给水排水监控系统建设，其中给水排水监控系统编程调试由项目技术组负责完成，要求按照任务单的要求，根据监控点位表及系统原理图，进行给水排水监控系统编程调试。 学生作为技术人员，完成以下操作： （1）领取任务单，明确工作任务及要求。 （2）检查建筑设备监控系统工作台，制订工作计划，正确选择并领取所需设备、工具、材料等。 （3）依照任务要求，独立设计并绘制流程图，规范使用编程软件，完成逻辑程序及监控画面程序的编写，包括水压、流量等模拟量读写程序，水泵节能控制程序，时间表程序，远程启停程序，水泵运行时间累计程序，水泵故障、液位超限等报警程序以及给水排水监控画面、报警画面的相关程序。 （4）程序编写完成后，规范使用测量仪器仪表检查设备及线路。确认设备及线路良好后，按照控制器单体调试、联网调试、系统整体调试的流程进行现场调试，实现系统的监控功能。规范填写系统调试报告。 （5）能够按照任务要求，依照有关标准、规范，完成给水排水监控系统程序的试运行，修补程序漏洞，确保程序能够稳定运行。 （6）能按照相关管理规定，清理现场并归还工具、设备等，将系统程序及技术资料交付验收，并办理相关移交手续，完成工作总结、汇报、评价。 任务实施过程中，学生应能够自主学习简单编程语句，具有节能环保意识、创新意识及劳模精神，培养科技强国的理想。	56

4	能源管理监控系统编程调试	某社区医院拟进行能源管理监控系统建设，其中能源管理监控系统编程调试由项目技术组负责完成，要求按照任务单的要求，根据监控点位表及系统原理图，进行能源管理监控系统编程调试。 学生作为技术人员，完成以下操作： （1）领取任务单，明确工作任务及要求。 （2）检查建筑设备监控系统工作台，制订工作计划，正确选择、领取所需设备、工具、材料等。 （3）依照任务要求，独立设计并绘制流程图，规范使用编程软件，完成逻辑程序及监控画面程序的编写，包括用水量、耗电量等能耗数据采集程序，用水量、耗电量等能耗历史曲线绘制程序，能耗数据对比曲线绘制程序及能源管理监控画面程序。 （4）程序编写完成后，规范使用测量仪器仪表检查设备及线路。确认设备及线路良好后，按照控制器单体调试、联网调试、系统整体调试的流程进行现场调试，实现系统的监控功能。规范填写系统调试报告。 （5）能够按照任务要求，依照有关标准、规范，完成能源管理监控系统程序的试运行，修补程序漏洞，确保程序能够稳定运行。 （6）能按照相关管理规定，清理现场并归还工具、设备等，将系统程序及技术资料交付验收，并办理相关移交手续，完成工作总结、汇报、评价。 任务实施过程中，学生应能够自主学习简单编程语句，具有节能环保意识、创新意识及劳模精神，培养科技强国的理想。	24

教学实施建议

1. 师资

授课教师应具备建筑设备监控系统编程调试的实践经验，能独立或合作完成相关工学一体化课程教学设计与实施、工学一体化课程教学资源的选择与应用。

2. 教学组织方式方法

采用行动导向的教学方法。为确保教学安全，增强教学效果，建议采用分组教学的方式（4~5人/组），参与教学的班级人数不超过35人。在学生完成工作任务的过程中，教师须加强示范与指导，注重学生职业素养和规范操作习惯的培养。

教师在讲授或演示教学中，应借助多媒体教学设备，配备丰富的多媒体课件和相关教学辅助设备。

3. 工具、材料与设备

除带有软件的计算机按人配置外，其他工具、材料与设备按组配置。

（1）工具

螺钉旋具、剥线钳、平口钳、试电笔、裁纸刀、对讲机、万用表、手电筒等工具。

万用表、网络测试仪等仪器仪表。

（2）材料

绝缘胶布、扎带、焊锡丝、标签、线缆、水晶头、光纤、网线接头、开关、插座、螺钉等。

（3）设备

带有专用软件的便携式计算机、手操器等。

4. 教学资源

（1）教学场地

建筑设备监控系统编程调试工学一体化学习工作站须具备良好的安全、照明和通风条件，可分为集中教学区、分组教学区、信息检索区、工具存放区、材料存放区和成果展示区，并配备相应的多媒体教学设备，面积以至少能同时容纳35人开展教学活动为宜。

（2）教学资料

以工作页为主，配备相关信息页、安全操作规程、系统图、平面图、安装大样图、监控柜电气原理图、监控点位表、相关技术手册及有关标准、工艺文件等。

5. 教学管理制度

执行工学一体化教学场所的管理规定。如需要进行校外认识实习和岗位实习，应严格遵守生产性实训基地管理制度、企业实习管理制度。

教学考核要求

采用过程性考核与终结性考核相结合的形式。

1. 过程性考核

采用自我评价、小组评价和教师评价相结合的方式进行考核，让学生学会自我评价。教师要观察学生的学习过程，结合学生的自我评价、小组评价进行总评，并提出改进建议。

（1）课堂考核

考核出勤、学习态度、课堂纪律、小组合作与展示等情况。

（2）作业考核

考核工作页的完成、成果展示、课后练习等情况。

（3）阶段考核

书面测试、实操测试、口述测试。

2. 终结性考核

应围绕本课程目标，结合课程终结性考核要点，选择企业真实工作任务或设计学习任务进行终结性考核。

学生应根据任务要求，核对所提供的工具、设备、材料、资料等，编写工作计划，在规定的时间内使用软件完成建筑设备监控系统编程调试，按照要求实现建筑设备监控系统的监控要求。

考核任务案例：模拟施工场地建筑设备监控系统编程调试

【情境描述】

某智能小区拟进行建筑设备监控系统升级改造，其中建筑设备监控系统编程调试由项目技术部负责完成，要求根据监控点位表及项目图纸进行建筑设备监控系统编程调试。

【任务要求】

根据有关标准，包括《智能建筑设计标准》（GB 50314—2015）、《建筑设备监控系统工程技术规范》（JGJ/T 334—2014）、《智能建筑工程施工规范》（GB 50606—2010）、《智能建筑工程质量验收规范》（GB 50339—2013）、《建筑照明设计标准》（GB/T 50034—2024）、《民用建筑供暖通风与空气调节设计规范》（GB 50736—2012）、《公共建筑节能设计标准》（GB 50189—2015）等，按照客户要求，完成本次建筑设备监控系统编程调试任务，并进行自检与试运行，确保能够稳定实现系统功能。本任务将产生以下结果：

1. 正确解读任务单，查阅项目方案并与客户准确沟通，了解需求，列出任务内容、系统实现功能、技术要求、工期。

2. 勘查现场，记录项目特点、建筑设备品牌、通信接口、通信协议等内容，并根据任务内容及要求设计工作计划，正确领取设备、工具、材料。

3. 依据工作计划，正确编写流程图，使用软件规范编写逻辑程序与监控画面程序。

4. 规范使用测量仪器仪表完成系统设备及线路检测，完成程序调试，正确填写调试报告。

5. 依照标准及规范，完成系统自检及试运行，针对问题改进程序缺陷，确保程序稳定运行。

6. 严格遵守企业管理制度，做好程序的加密、归档工作。按照"7S"管理规定，做好施工现场的清理。

【参考资料】

完成上述任务时，可以使用常见的教学资源，如工作页、信息页、编程指导书、设备说明书、作业检查单、技术标准、技术规范、个人笔记及数字化资源等。

（十四）网络通信系统设计与构建课程标准

工学一体化课程名称	网络通信系统设计与构建	基准学时	216
典型工作任务描述			

网络通信系统设计与构建是在智能楼宇建设或改造过程中，为实现资源共享、内外部资源获取、数据传输与访问、网络安全加固、数据存储等功能，依据有关标准及规范，完成家庭局域网络设计、小型办公局域网络设计、虚拟专用网络设计等工作，以达到所需的技术要求。

技术人员根据客户需求，依据有关标准，完成网络通信系统设计工作，为项目施工提供顶层指导文件。具体流程如下：

1. 领取任务单，与客户充分交流，明确客户需求，勘查施工现场，查阅资料，完成设计方案初稿的编写（内容包括设备选型、结构布局设计、功能设计等）。

2. 与客户进行二次沟通交流，对设计方案进行调整，最终确定设计方案（包括工程造价）。

3. 成立项目组，召开项目启动会，进行技术交底；依据设计方案和实际现状编写项目实施方案，形成甘特图，明确实施周期安排、人员安排、工程范围、工程预算等内容。

4. 组织开展方案评审，评审后整理项目材料。

5. 组织协调施工人员进行项目实施，完成后填写项目交接单并交付项目经理验收，验收合格后交付使用。

6. 工作过程中若遇到施工现场建筑结构与图纸不符、设计方案无法实施等问题，及时与项目经理进行沟通，提交解决方案。

工作过程中，技术人员应严格执行有关标准，包括《公用计算机互联网工程设计规范》（YD/T 5037—2005）、《有线接入网设备安装工程设计规范》（YD/T 5139—2019）、《通信线路工程设计规范》（GB 51158—2015）、《有线电视网络工程设计标准》（GB/T 50200—2018）、《综合布线系统工程设计规范》（GB 50311—2016）等，恪守从业人员的职业道德，注重组织管理与资源整合，善于整体规划，具有网络安全意识、全局把控意识，具备开拓创新、追求卓越的精神。

工作内容分析

工作对象：	工具、材料、设备与资料：	工作要求：
1. 任务单的领取和阅读，客户要求的确定。 2. 现场的勘查。 3. 项目设计方案与实施方案的编写。 4. 项目实施。 5. 项目评审，设计材料的整理与交付。 6. 现场的清理，工具、设备的归还，资料的归档。	1. 工具 钢卷尺、梯子、安全防护用品等。 2. 材料 各种型号的纸张等。 3. 设备 计算机（装有设计软件）等。 4. 资料 任务单，建筑图纸，项目交接单，《公用计算机互联网工程设计规范》（YD/T 5037—2005）、《有线接入网设备安装工程设计规范》（YD/T 5139—2019）、《通信线路工程设计规范》（GB 51158—2015）、《有线电视网络工程设计标准》（GB/T 50200—2018）、《综合布线系统工程设计规范》（GB 50311—2016）等有关标准，企业质量管理制度等。 **工作方法：** 1. 头脑风暴法 2. 目标规划法 3. 甘特图法 4. 专家调查法（德尔菲法）	1. 与项目经理有效沟通，准确理解工作内容及工作要求，明确客户需求。 2. 全面认知现场，现场环境要符合《综合布线系统工程验收规范》（GB/T 50312—2016）要求。核查现场建筑物结构及已有机电设备位置。 3. 项目方案符合有关标准规定及现场要求，施工图明晰准确，工程造价、预算科学合理，项目方案体例规范，甘特图清晰合理，经过专家反复检查。 4. 项目实施严格按照相关标准执行。 5. 利用专家调查法或专家检查法等方法确保项目科学性。项目交接单填写系统，专业术语准确。资料归档规范有序。

5. 专家检查法 **劳动组织方式：** 1. 领取任务单。 2. 小组成员开展头脑风暴，确定客户需求。 3. 小组成员勘查现场。 4. 小组成员编写项目设计方案、项目实施方案。 5. 利用专家调查法或专家检查法评审方案。 6. 组织施工人员进行项目实施。 7. 合格后交付项目经理验收，整理设计材料并归档。	6. 遵守企业相关制度规定，恪守职业道德。

课程目标

学习完本课程后，学生应当能胜任网络通信系统设计与构建工作，包括家庭局域网络设计、小型办公局域网络设计、虚拟专用网络设计等工作；应具备相应的通用能力、职业素养和思政素养。具体包括：

1. 能阅读任务单，正确解读标准，明确客户需求；能识读建筑图纸，明确项目设计内容和要求；具备信息分析能力，具有市场意识。

2. 能对现场进行勘查，按照建筑图纸、有关标准对关键点位与现场情况进行核查，能复核现场已有的机电设备安装位置；具备理解与表达能力、沟通协调能力。

3. 能对网络通信系统的结构布局、系统功能等进行科学设计，根据客户需求对网络通信设备进行选型，计算网络通信系统项目工程造价，编写项目设计方案，进行网络通信系统项目设计技术交底，绘制网络通信系统施工图，合理确定网络通信系统项目组织架构、人员需求、材料清单等；能制作网络通信系统项目实施甘特图，编制网络通信系统工程预算，编写网络通信系统项目实施方案；具备理解与表达能力、可行性分析能力，具有成本意识、效率意识、创新意识。

4. 能组织网络通信系统项目实施，对实施过程进行技术指导；具备交往与合作能力、统筹协调能力、解决问题能力，具有时间意识、成本意识、效率意识、审美素养，培养劳动精神、工匠精神。

5. 能系统、准确填写项目交接记录单；能按照相关管理规定，整理项目设计技术资料，交付验收；具备交往与合作能力、总结提升能力，培养工匠精神。

学习内容

本课程主要学习内容包括：

一、任务解读

1. 实践知识

（1）头脑风暴法的运用。

（2）任务单的识读（包括项目设计内容、项目结果要求等），客户需求的明确。

（3）网络通信系统常用设备的识别。

（4）建筑图纸的识读。

2. 理论知识

（1）家庭局域网络、小型办公局域网络、虚拟专用网络等网络系统的组成、工作原理。

（2）有关标准中的相关内容，包括《公用计算机互联网工程设计规范》（YD/T 5037—2005）第 2、3、4、5、6、12、15 章，《有线接入网设备安装工程设计规范》（YD/T 5139—2019）第 2、4、5、7 章，《通信线路工程设计规范》（GB 51158—2015），《有线电视网络工程设计标准》（GB/T 50200—2018），《综合布线系统工程设计规范》（GB 50311—2016）等。

二、现场勘查

1. 实践知识

（1）关键点位、现场真实情况的核查（对照任务单、建筑图纸等）。

（2）施工现场已有机电设备安装位置等情况的复核。

2. 理论知识

（1）网络设备安装位置及质量相关标准要求。

（2）防强电干扰的规范。

三、项目设计方案与实施方案编写

1. 实践知识

（1）网络通信设备选型。

（2）项目工程造价清单的编制。

（3）项目设计方案的编写与审定。

（4）项目设计方案的技术交底。

（5）项目实施组织架构、人员等的确定。

（6）项目工程材料清单的编制。

（7）项目实施工期的确定与甘特图的制作。

（8）项目工程预算的编制。

（9）项目实施方案的编写与审定。

（10）网络通信系统的结构布局设计、功能设计与项目施工图的优化设计。

2. 理论知识

（1）网络通信系统的结构类型、常用功能与设备选型原则。

（2）项目造价的计算方法。

（3）项目设计方案的体例与格式。

（4）技术交底的内容。

（5）项目施工图的组成及绘制要求。

（6）项目实施组织架构的类型。

（7）项目工程材料清单的编制方法和要求。

（8）项目实施甘特图的制作方法。

（9）项目工程预算的内容和编制方法。

（10）项目实施方案的体例与格式。

四、项目实施

1. 实践知识

（1）项目实施中的组织协调。

（2）项目实施中的技术指导。

2. 理论知识

（1）组织协调的方法。

（2）项目管理的内容。

五、项目评审以及工程材料的整理与交付

1. 实践知识

（1）项目交接单的规范填写。

（2）项目文件的分类与交接。

2. 理论知识

（1）项目交接单的组成要素。

（2）项目文件交接要求。

六、通用能力、职业素养和思政素养

自主学习、自我管理、信息检索、理解与表达、交往与合作、创新思维、解决问题等通用能力，安全意识、质量意识、规范意识、效率意识、成本意识、环保意识、市场意识、服务意识等职业素养，以及劳模精神、劳动精神、工匠精神等思政素养。

参考性学习任务

序号	名称	学习任务描述	参考学时
1	家庭局域网络设计与构建	张某乔迁新居，房间为 150 m² 的大平层，已完成 300 M 光纤入户，现需设计并完成该住宅的网络设计与构建，实现全屋网络覆盖，满足日常用网需要。 学生作为设计人员，完成以下操作： （1）领取任务单，与教师沟通，明确需求。 （2）勘查现场，根据项目相关图纸、技术手册等资料制订设计方案（包括设备选型、结构布局设计、功能设计等），编制工程造价清单。随后与教师进行二次沟通，对方案进行调整，最终确定设计方案。 （3）进行项目设计技术交底，依据设计方案和实际现状编写项目实施方案，形成甘特图，明确周期安排、人员安排、实施范围等内容，并编制工程预算。 （4）采用专家检查法进行项目实施方案评审。评审合格后，进行项目实施。	72

1	家庭局域网络设计与构建	（5）项目验收合格后，填写项目设计材料移交清单并交付验收，验收合格后交付使用。 （6）在系统构建过程中若遇到计划方案无法实施、系统设备之间不兼容等问题，及时与教师沟通解决。 在任务实施过程中，学生应严格执行有关标准，包括《公用计算机互联网工程设计规范》（YD/T 5037—2005）、《有线接入网设备安装工程设计规范》（YD/T 5139—2019）、《通信线路工程设计规范》（GB 51158—2015）、《有线电视网络工程设计标准》（GB/T 50200—2018）、《综合布线系统工程设计规范》（GB 50311—2016）等；遵守企业质量管理制度、安全生产制度、文明施工制度等规定，恪守从业人员的职业道德。	
2	小型办公局域网络设计与构建	某公司迁往新址，新办公场地面积约为450 m²，布局结构工整，目前暂时无任何网络覆盖。现需对整体空间进行有线、无线网络设计与构建，实现全公司网络覆盖，内外网数据联通，员工间可共享打印机，且具备一定的网络防护与数据存储能力。 学生作为设计人员，完成以下操作： （1）领取任务单，与教师沟通，明确需求。 （2）勘查现场，根据项目相关图纸、技术手册等资料制订设计方案（包括设备选型、结构布局设计、功能设计等），编制工程造价清单。随后与教师进行二次沟通，对方案进行调整，最终确定设计方案。 （3）进行项目设计技术交底，依据设计方案和实际现状编写项目实施方案，形成甘特图，明确周期安排、人员安排、实施范围等内容，并编制工程预算。 （4）采用专家检查法进行项目实施方案评审。评审合格后，进行项目实施。 （5）项目验收合格后，填写项目设计材料移交清单并交付验收，验收合格后交付使用。 （6）在系统构建过程中若遇到计划方案无法实施、系统设备之间不兼容等问题，及时与教师沟通解决。 在任务实施过程中，学生应严格执行有关标准，包括《公用计算机互联网工程设计规范》（YD/T 5037—2005）、《有线接入网设备安装工程设计规范》（YD/T 5139—2019）、《通信线路工程设计规范》（GB 51158—2015）、《有线电视网络工程设计标准》（GB/T 50200—2018）、《综合布线系统工程设计规范》（GB 50311—2016）等；遵守企业质量管理制度、安全生产制度、文明施工制度等规定，恪守从业人员的职业道德。	72

3	虚拟专用网络设计与构建	某公司员工长期在外出差，为使员工出差时也能安全访问公司内部网络，公司决定在因特网上设计并构建虚拟专用网络，使出差员工可实时访问。 学生作为设计人员，完成以下操作： （1）领取任务单，与教师沟通，明确需求。 （2）勘查现场，根据项目信息、技术手册等资料制订设计方案（包括 VPN 类型设计、结构布局设计等），编制工程造价清单。随后与教师进行二次沟通，对方案进行调整，最终确定设计方案。 （3）进行项目设计技术交底，依据设计方案和实际现状编写项目实施方案，形成甘特图，明确周期安排、人员安排、实施范围等内容，并编制工程预算。 （4）采用专家检查法进行项目实施方案评审。评审合格后，进行项目实施。 （5）项目验收合格后，填写项目设计材料移交清单并交付验收，验收合格后交付使用。 （6）在系统构建过程中若遇到计划方案无法实施、系统设备之间不兼容等问题，及时与教师沟通解决。 在任务实施过程中，学生应严格执行有关标准，包括《公用计算机互联网工程设计规范》（YD/T 5037—2005）、《有线接入网设备安装工程设计规范》（YD/T 5139—2019）、《通信线路工程设计规范》（GB 51158—2015）、《有线电视网络工程设计标准》（GB/T 50200—2018）、《综合布线系统工程设计规范》（GB 50311—2016）等，遵守企业质量管理制度、安全生产制度、文明施工制度等规定，恪守从业人员的职业道德。	72

教学实施建议

1. 师资

授课教师应具备网络通信系统设计与构建相关实践经验，并能够独立或合作完成相关工学一体化课程教学设计与实施、工学一体化课程教学资源的选择与应用。

2. 教学组织方式方法

采用行动导向的教学方法。为确保教学安全，增强教学效果，建议采用分组教学的方式（4~6 人/组），参与教学的班级人数不超过 35 人。在学生完成工作任务的过程中，教师须加强示范与指导，注重学生职业素养和规范操作习惯的培养。

教师在讲授或演示教学中，应借助多媒体教学设备，配备丰富的多媒体课件和相关教学辅助设备。

3. 工具、材料与设备

（1）工具

钢卷尺、梯子、安全防护用品等。

（2）材料

各种型号的纸张等。

（3）设备

计算机（装有设计软件）等。

4. 教学资源

（1）教学场地

网络通信系统设计与构建工学一体化学习工作站须具备良好的安全、照明和通风条件，可分为集中教学区、分组教学区、信息检索区、工具存放区、材料存放区和成果展示区，并配备相应的多媒体教学设备，面积以至少能同时容纳35人开展教学活动为宜。

（2）教学资料

以工作页为主，配备相关信息页、任务单、施工图、有关标准、有关规范、安全操作规程、工作联系单、设备说明书等。

4. 教学管理制度

执行工学一体化教学场所的管理规定。如需要进行校外认识实习和岗位实习，应严格遵守生产性实训基地管理制度、企业实习管理制度。

教学考核要求

采用过程性考核与终结性考核相结合的形式。

1. 过程性考核

采用自我评价、小组评价和教师评价相结合的方式进行考核，让学生学会自我评价。教师要观察学生的学习过程，结合学生的自我评价、小组评价进行总评，并提出改进建议。

（1）课堂考核

考核出勤、学习态度、课堂纪律、小组合作与展示等情况。

（2）作业考核

考核工作页的完成、成果展示、课后练习等情况。

（3）阶段考核

书面测试、实操测试、口述测试。

2. 终结性考核

应围绕本课程目标，结合课程终结性考核要点，选择企业真实工作任务或设计学习任务进行终结性考核。

学生应根据任务要求，制订网络通信系统设计与构建工作方案，按照作业规范，在规定时间内完成任务，并通过考评组评审。

考核任务案例：模拟施工场地有线网络设计

【情境描述】

某公司根据实际运营需要，新增一台防火墙设备，以加固公司网络。技术人员要依据客户要求，重新设计公司有线网络，将防火墙设备加入公司现有网络中，启用 ACL（访问控制列表）包过滤功能，拒绝部分链路对内网服务器的访问。

【任务要求】

按照项目要求，完成有线网络设计。具体要求如下：

1. 根据客户需求编写设计方案与实施方案，具备全局意识和全局把控能力。

2. 安装防火墙设备，设定相关策略，恢复网络联通。

3. 合理设置防火墙 ACL 包过滤功能，以拒绝部分链路对内网服务器的访问，具备网络安全意识。

4. 各项设置、操作行为符合相关规定，具备规范意识。

【参考资料】

完成上述任务时，可以使用常见的教学资料，如工作页、信息页、项目方案、元器件技术手册、产品说明书、产品安装手册和相关技术资料等。

（十五）火灾报警及消防联动系统设计课程标准

工学一体化课程名称	火灾报警及消防联动系统设计	基准学时	108

典型工作任务描述

火灾报警及消防联动系统设计是在现代建筑物建设或改造过程中，为了及早发现和播报火情，并采取有效措施控制和扑灭火灾，技术人员需要根据有关标准及规范、不同建筑特点及客户需求，完成火灾报警系统、防烟排烟系统与防火分隔设施、消防灭火系统的设计工作，以达到所需的技术要求。

设计人员根据客户需求，依据有关标准，完成火灾报警及消防联动系统设计工作，为项目施工提供顶层指导文件。具体流程如下：

1. 从项目经理处领取任务单，与客户充分交流，明确需求。

2. 勘查施工现场，以独立或合作形式查阅资料，完成设计方案编写（内容包括系统类型、设备选型、联动内容等）及图纸设计（包括施工图等）。

3. 设计完成后成立项目组，召开项目启动会，进行技术交底，依据设计方案出具项目设计说明、系统选型、施工图等施工资料。

4. 填写设计记录单、自检记录单等，交付项目经理验收，验收合格后交付客户及施工方，进行项目施工。

工作过程中，设计人员应严格执行有关标准，如《建筑设计防火规范（2018 年版）》（GB 50016—2014）、《火灾自动报警系统设计规范》（GB 50116—2013）、《自动喷水灭火系统设计规范》（GB 50084—2017）等，并交付相关质检人员验收；应恪守从业人员的职业道德，注重组织管理与资源整合，善于整体规划，具有消防安全意识、全局把控意识，具备开拓创新、追求卓越的精神。

工作内容分析

工作对象:	工具、材料、设备与资料:	工作要求:
1. 任务单的领取与阅读，技术要求的明确。	1. 工具 手电筒、卷尺、钢尺、安全帽、防护服、防护口罩、防护眼镜、安全带、测距仪、水平仪等。	1. 与项目经理有效沟通，准确理解工作内容及工作要求。
2. 现场的勘查，资料的查阅，备选系统设计思路的选择。	2. 材料 纸张等。	2. 全面认知现场，现场环境要符合《建筑设计防火规范（2018年版）》（GB 50016—2014）、《火灾自动报警系统设计规范》（GB 50116—2013）、《自动喷水灭火系统设计规范》（GB 50084—2017）等相关规范的要求。核查现场建筑物结构及已有消防设备位置。
3. 项目设计方案的编写。	3. 设备 计算机（装有 CAD 软件）。	
4. 项目实施方案的编写。	4. 资料 任务单、产品说明书、有关标准及规范等。	3. 项目设计方案符合有关标准规定及现场要求，工程预算科学合理。项目设计方案体例规范，经专家反复检查无误。
5. 项目实施方案的评审，设计材料的整理与交付。	**工作方法：** 1. 询问法、沟通法、收集法、评估法 2. 查阅法 3. 网络查询法 4. 软件作图法	4. 项目实施方案符合有关标准规定及现场要求，施工图明晰准确，材料清单详细，工程预算科学合理，甘特图清晰合理。项目实施方案体例规范，经专家反复检查无误。
6. 现场的清理，工具、设备的归还，资料的归档。	**劳动组织方式：** 1. 领取任务单。 2. 有效沟通，查阅相关资料，制订设计方案。 3. 领取工具、设备、材料等，作业后归还。 4. 出具设计资料。 5. 与小组成员协作或独立完成设计工作。 6. 自检合格后交付复检部门。 7. 归还工具，将资料归档。	5. 项目交接单填写系统，专业术语准确。资料归档规范有序。 6. 遵守企业相关制度规定，恪守职业道德。

课程目标

学习完本课程后，学生应当能胜任火灾报警及消防联动系统设计工作，包括火灾报警系统设计、防烟排烟系统与防火分隔设施设计、消防灭火系统设计等工作；应具备相应的通用能力、职业素养和思政素养。具体包括：

1. 能阅读任务单,正确解读标准要求,明确客户需求;能识读建筑图纸,明确项目设计内容和要求;具备信息分析能力,具有市场意识。

2. 能对现场进行勘查,按照建筑图纸、有关标准对关键点位、安装位置、现场情况进行核查;能复核现场已有的火灾报警设备安装位置;具备理解与表达能力、沟通协调能力。

3. 能对火灾报警及消防联动系统的结构布局、功能等进行科学设计;能根据客户需求,查阅并按照《建筑设计防火规范(2018 年版)》(GB 50016—2014)、《火灾自动报警系统设计规范》(GB 50116—2013)、《自动喷水灭火系统设计规范》(GB 50084—2017)等相关规范,对火灾报警及消防联动系统设备进行选型,确定产品数量、联动项目和功能;能编制项目工程造价清单,编写项目设计方案;具备理解与表达能力、知识迁移能力、规划能力,具有成本意识。

4. 能进行项目设计技术交底;能绘制火灾报警及消防联动系统施工图;能确定项目组织架构、人员需求、材料清单、设备点位表等;能制作项目实施甘特图,编制项目工程预算,编写项目实施方案;具备理解与表达能力、交往与合作能力、统筹协调能力、解决问题能力,具有时间意识、效率意识、成本意识、工匠精神。

5. 能系统、准确填写项目交接单;能按照相关管理规定,整理项目设计技术资料,交付验收;具备交往与合作能力、总结提升能力。

学习内容

本课程主要学习内容包括:

一、任务解读

1. 实践知识

(1)建筑物或场所相关信息的收集,包括建筑平面图、结构信息、用途、人员密度、火灾风险评估报告等;建筑物特点和使用需求的了解。

(2)火灾风险评估,建筑物或场所的潜在火灾风险分析,包括火源、可燃物、疏散通道、防火隔离等因素。根据评估结果确定相应的消防措施和设备需求。

(3)根据信息收集和风险评估结果,确定消防设计目标;设计消防设备和消防系统,包括火灾报警探测器、灭火设备、疏散指示标识、疏散通道设施等,确保设备符合相关的标准和法律法规要求。

(4)编写设计方案,确定联动功能。

2. 理论知识

(1)询问法、沟通法、收集法、评估法。

(2)有关法律、标准,包括《中华人民共和国消防法》《建筑设计防火规范(2018 年版)》(GB 50016—2014)、《建筑防烟排烟系统技术标准》(GB 51251—2017)、《火灾自动报警系统设计规范》(GB 50116—2013)、《火灾自动报警系统施工及验收标准》(GB 50166—2019)等。

二、现场勘查、资料查阅、备选系统设计思路选择

1. 实践知识

(1)消防工程施工图的设计,包括设备安装图、管道布置图、电气接线图等。

（2）火灾报警设备选型、消防设备数量计算、消防设备点位表编制、消防设备编码设计。

（3）工具（测距仪、水平仪等）、设备（计算机）的使用方法等。

2. 理论知识

（1）查阅法。

（2）任务单、设备说明书、技术手册、相似案例资料等的内容与运用方法。

（3）专用软件（如制图软件、程序设计软件等）的使用方法。

三、项目设计方案编写

1. 实践知识

（1）现场环境的分析与规划。

（2）设备品牌、型号及数量的选择。

（3）现场的勘查（勘查现场的实际保护面积、层高、保护区类型、屋顶形式、保护范围等）。

（4）系统图的设计（包括火灾报警系统图设计、防烟排烟系统与防火分隔设施系统图设计、消防灭火系统图设计）。

（5）材料清单的编制。

（6）项目工程预算的编制。

（7）项目设计方案的编写。

（8）图纸设计合理性及标准化程度的检验与评估。

2. 理论知识

（1）网络查询法、软件作图法。

（2）消防保护面积的计算方法、消防设备防护等级的确定方法、设备编码规则、火灾报警及消防联动系统编程方法。

（3）项目预算编制方法。

（4）项目设计方案的体例格式。

四、项目实施方案的编写

1. 实践知识

（1）项目设计方案技术交底。

（2）项目施工图（包括火灾报警系统施工图、防烟排烟系统与防火分隔设施施工图、消防灭火系统施工图）的绘制。

（3）项目组织架构、人员需求的确定。

（4）项目工程材料清单的编制。

（5）项目实施甘特图的制作。

（6）项目实施方案的编写。

2. 理论知识

（1）技术交底的内容。

（2）项目施工图的组成及绘制要求。

（3）项目实施组织架构的类型。

（4）项目工程材料清单的编制方法和要求。

（5）项目实施甘特图的制作方法。

（6）项目实施方案的体例格式。

五、项目实施方案评审，设计材料的整理与交付

1. 实践知识

（1）项目交接单的规范填写。

（2）项目文件的归类与交接。

2. 理论知识

（1）项目交接单的组成要素。

（2）项目文件交付清单及交付要求。

六、通用能力、职业素养和思政素养

自主学习、自我管理、信息检索、理解与表达、交往与合作、创新思维、解决问题等通用能力，安全意识、质量意识、规范意识、效率意识、成本意识、环保意识、市场意识、服务意识等职业素养，以及劳模精神、劳动精神、工匠精神等思政素养。

参考性学习任务

序号	名称	学习任务描述	参考学时
1	火灾报警系统设计	某单位即将搬入新办公楼，拟对该办公楼进行二次装修，其中涉及办公楼火灾报警系统的重新安装，需要对整套火灾报警系统进行设计。 　　学生作为设计人员，完成以下操作： 　　（1）领取任务单，与教师沟通，明确需求。 　　（2）勘查现场，根据项目相关图纸、技术手册等资料制订工作计划，准备工具、绘图软件及辅助材料。 　　（3）严格按照有关标准、规范完成感烟火灾探测器、感温火灾探测器、感光火灾探测器、可燃气体探测器、复合式探测器和手动火灾报警按钮等火灾报警系统设备的选型，对安装布置等进行设计，完成施工方案编写、图纸绘制、材料清单编制等工作。要求各设备符合有关标准，实现火灾报警系统的基本功能。 　　（4）全部工作完成后，填写相关表单并交付验收、归档。 　　在任务实施过程中，学生应严格执行有关标准、规范，严格遵守从业人员的职业道德，注重组织管理与资源整合，善于整体规划，具有消防安全意识、全局把控意识，培养开拓创新、追求卓越的精神。	56

| 2 | 防烟排烟系统与防火分隔设施设计 | 某单位即将搬入新办公楼，拟对该办公楼进行二次装修，其中涉及办公楼防烟排烟系统与防火分隔设施的重新安装，需要对整套防烟排烟系统与防火分隔设施进行设计。

学生作为设计人员，完成以下操作：
（1）领取任务单，与教师沟通，明确需求。
（2）勘查现场，根据项目相关图纸、技术手册等资料制订工作计划，准备工具、绘图软件及辅助材料。
（3）严格按照有关标准、规范完成排烟风机、排烟管道、送风风机、送风管道等防烟排烟设备以及防火卷帘等设施的选型，对安装布置等进行设计，完成施工方案编写、图纸绘制、材料清单编制等工作。要求各设备符合有关标准，实现防烟排烟系统与防火分隔设施的基本功能。
（4）全部工作完成后，填写相关表单并交付验收、归档。

在任务实施过程中，学生应严格执行有关标准、规范，严格遵守从业人员的职业道德，注重组织管理与资源整合，善于整体规划，具有消防安全意识、全局把控意识，培养开拓创新、追求卓越的精神。 | 26 |
| 3 | 消防灭火系统设计 | 某单位即将搬入新办公楼，拟对该办公楼进行二次装修，其中涉及办公楼消防灭火系统的重新安装，需要对整套消防灭火系统进行设计。

学生作为设计人员，完成以下操作：
（1）领取任务单，与教师沟通，明确需求。
（2）勘查现场，根据项目相关图纸、技术手册等资料制订工作计划，准备工具、绘图软件及辅助材料。
（3）严格按照有关标准、规范完成湿式报警阀、闭式喷头、高位消防水箱、消防水泵及水力警铃等消防灭火设备的选型，对安装布置等进行设计，完成施工方案编写、图纸绘制、材料清单编制等工作。要求各设备符合有关标准，实现消防灭火系统的基本功能。
（4）全部工作完成后，填写相关表单并交付验收、归档。

在任务实施过程中，学生应严格执行有关标准、规范，严格遵守从业人员的职业道德，注重组织管理与资源整合，善于整体规划，具有消防安全意识、全局把控意识，培养开拓创新、追求卓越的精神。 | 26 |

教学实施建议

1. 师资

授课教师应具有火灾报警及消防联动系统设计的实践经验，并能够独立或合作完成相关工学一体化课程教学设计与实施、工学一体化课程资源开发与建设。

2. 教学组织方式方法

采用行动导向的教学方法。为确保教学安全，增强教学效果，建议采用分组教学的方式（4~6人/组），参与教学的班级人数不超过35人。在学生完成工作任务的过程中，教师须加强示范与指导，注重学生职业素养和规范操作习惯的培养。

教师在讲授或演示教学中，应借助多媒体教学设备，配备丰富的多媒体课件和相关教学辅助设备。

3. 工具、材料与设备

工具、材料与设备按组配置。

（1）工具

手电筒、卷尺、钢尺、安全帽、防护服、防护口罩、防护眼镜、安全带、测距仪、水平仪等。

（2）材料

纸张等。

（3）设备

计算机（装有 CAD 软件）。

4. 教学资源

（1）教学场地

火灾报警及消防联动系统设计工学一体化学习工作站须具备良好的安全、照明和通风条件，可分为集中教学区、分组教学区、信息检索区、工具存放区、材料存放区和成果展示区，并配备相应的多媒体教学设备，面积以至少能同时容纳35人开展教学活动为宜。

（2）教学资料

以工作页为主，配备信息页、任务单、技术案例、相关标准规范、产品说明书等教学资源。

5. 教学管理制度

执行工学一体化教学场所的管理规定。如需要进行校外认识实习和岗位实习，应严格遵守生产性实训基地管理制度、企业实习管理制度。

教学考核要求

采用过程性考核与终结性考核相结合的形式。

1. 过程性考核

采用自我评价、小组评价和教师评价相结合的方式进行考核，让学生学会自我评价。教师要观察学生的学习过程，结合学生的自我评价、小组评价进行总评，并提出改进建议。

（1）课堂考核

考核出勤、学习态度、课堂纪律、小组合作与展示等情况。

（2）作业考核

考核工作页的完成、成果展示、课后练习等情况。

（3）阶段考核

书面测试、实操测试、口述测试。

2. 终结性考核

应围绕本课程目标，结合课程终结性考核要点，选择企业真实工作任务或设计学习任务进行终结性考核。

学生应根据任务要求，对二次装修的办公楼进行火灾报警及消防联动系统的设计并出具图纸，经检测符合相关技术要求。

考核任务案例：模拟施工场地火灾报警及消防联动系统设计

【情境描述】

某单位即将搬入新办公楼，拟对该办公楼进行二次装修，其中涉及办公楼火灾报警及消防联动系统的重新安装，需要对现场进行勘查，对火灾报警系统、防烟排烟系统、防火分隔设施、消防灭火系统安装布置等进行设计，并根据现场反馈的整改意见及现场施工进度等情况，完成系统的设计。要求各设备安装布置符合有关标准，实现消防系统的基本功能。

【任务要求】

对照《建筑设计防火规范（2018年版）》（GB 50016—2014）、《火灾自动报警系统设计规范》（GB 50116—2013）、《自动喷水灭火系统设计规范》（GB 50084—2017）等相关标准，按照客户要求，在规定时间内完成本项目中火灾报警系统设计、防烟排烟系统与防火分隔设施设计、消防灭火系统设计，本任务将产生以下结果：

1. 根据情境描述与任务要求，列出与组长沟通的要点，明确工作任务与要求。

2. 查阅火灾报警及消防联动工程方面的技术标准等资料，识读相关设计标准，写出工作流程。

3. 出具项目设计说明。

4. 确定设备品牌、型号、价格及数量。

5. 编写设计方案与实施方案。

6. 用软件作图法进行各类图纸设计。

7. 确定项目组织架构、人员需求。

8. 绘制甘特图。

9. 编写项目设计方案。

10. 总结本次工作中遇到的问题，思考解决方法。

【参考资料】

完成上述任务时，可以使用常见的教学资料，如工作页、信息页、个人笔记、火灾报警及消防联动系统相关设备说明书等。

（十六）安全防范系统设计课程标准

工学一体化课程名称	安全防范系统设计	基准学时	216

典型工作任务描述

在智能楼宇建设或改造前期，为实现人防、物防、技防的有机结合，项目设计人员需要利用计算机、测距仪、水平仪、CAD 软件等，依据客户提供的招标文件中的设计说明书、有关标准及规范，完成入侵报警和紧急报警、视频监控、出入口控制、停车库（场）安全管理系统的设计，达到客户要求。

安全防范系统设计工程师由企业具有项目开发、实践经验的系统设计人员完成。为了使系统更好地满足客户的需求，设计人员前期需要与客户充分沟通，了解防护等级、防范范围、技术要求等，实现客户定制化服务。具体流程如下：

1. 领取招标文件，查阅设计说明书、有关标准及规范，了解系统总体功能、技术性能、技术指标、控制要求、系统类型，以及所用设备的数量、型号，明确项目设计的工作要求。

2. 设计人员熟悉现场工作环境，全面了解被防护对象本身的基本情况，调查和了解被防护对象所在地及周边环境。

3. 设计人员按照纵深防护的原则，草拟布防方案，拟定周界、监视区、防护区、禁区的位置，并对布防方案所确定的防区进行现场勘查。现场勘查结束后编写现场勘查报告。

4. 设计人员根据技术说明、有关规范与标准提出初步设计方案。初步设计方案征得客户同意后，进行正式设计，绘制指导施工的图纸，制定相应的设计文件。然后，组织会审会，解读项目设计文件，进行会审，完成终审。

5. 终审完成后，归置物品，将资料、图纸归档。

在设计过程中，设计人员应严格执行有关标准，包括《智能建筑设计标准》（GB 50314—2015）、《安全防范工程通用规范》（GB 55029—2022）、《建筑电气与智能化通用规范》（GB 55024—2022）、《安全防范工程技术标准》（GB 50348—2018）等，恪守从业人员的职业道德，注重组织管理与资源整合，善于整体规划，注重以人为本、可持续扩展的设计理念，统筹考虑人与环境的和谐关系，具有全局把控意识，具备开拓创新、追求卓越的精神。

工作内容分析

工作对象：	工具、材料、设备与资料：	工作要求：
1. 任务单的领取和阅读，设计计划的制订。	1. 工具（软件） CAD 软件、建筑信息化建模软件、工程项目管理软件等。	1. 与项目经理有效沟通，准确理解工作内容和工作要求。通过查阅招标文件、设计说明书、有关标准及规范，能分析出系

2. 现场的勘查，布防方案的草拟，现场勘查报告的编写。 3. 初步设计方案的编写。 4. 施工图的绘制及相应的文件制定。 5. 设计文件的解读，设计文件和图纸的终审。 6. 现场的清理，工具、设备的归还，资料的归档。	2. 材料 纸张等办公耗材。 3. 设备 计算机、打印机、绘图仪、复印机等。 4. 资料 设计说明书、有关标准及规范等。 **工作方法：** 1. 专业沟通方法（谈话法、案例分析法） 2. 资料查阅法（手册、技术文献和设计案例的查阅） 3. 现场勘查法 4. 风险防范评估法 5. 系统架构规划法 6. 设计方案会审方法 7. 利用软件制定工程预算的方法 8. 工程项目成本控制方法 9. 方案完善方法（现场勘查、设计优化、图纸会审、版本管理等） **劳动组织方式：** 1. 领取招标文件。 2. 合作勘查现场。 3. 以独立或合作的方式编写初步设计方案。 4. 以独立或合作的方式绘制施工图，制定相应的项目设计文件。 5. 独立完成项目文件的解读，归还资料，将图纸归档。	统总体功能、技术性能、技术指标、所用设备的数量与型号、工作环境情况、传输距离、控制要求等信息。制订的设计计划有效可实施。 2. 全面了解被防护对象的基本情况，调查和了解被防护对象所在地及周边环境。按照纵深防护的原则，草拟布防方案，拟定周界、监视区、防护区、禁区的位置。现场勘查报告准确、翔实。 3. 管理区域划分合理，安全防范系统的布防图系统清晰。防范手段和防范措施得当。布防图及防范手段核对、计算无漏洞、死角。系统构成图清晰，设备、材料明细表及其概算准确，工程设备材料预算表（包含设备、材料概算等）细致、无遗漏。 4. 布防图、系统构成图、设备材料明细表准确、无误。布防的管线型号和规格标注准确，符合有关标准。 5. 项目设计文件解读清楚，图纸会审通过。 6. 各类报告、图纸齐全、完整、准确、系统、规范。对已完成的工作进行规范的记录、评价。 7. 在工作过程中严格执行安全操作规程、企业质量管理制度、"7S"管理制度等方面的规定，恪守职业道德。

课程目标

学习完本课程后，学生应当能胜任入侵报警和紧急报警系统、视频监控系统、出入口控制系统、停车库（场）安全管理系统设计的工作，应具备相应的通用能力、职业素养和思政素养。具体包括：

1. 能查阅设计说明书、有关标准及规范，准确了解系统总体功能、技术性能、技术指标、所用设备的数量与型号、工作环境情况、传输距离、控制要求等信息，明确项目设计的工作要求；具备良好的理解与表达能力、信息检索能力。

2. 能现场勘查，明确被防护对象的基本情况、被防护对象所在地及周边环境；现场勘查结束后能编写现场勘查报告；具有时间意识、效率意识、创新意识。

3. 能按照纵深防护的原则，草拟布防方案，拟定周界、监视区、防护区、禁区的位置，能根据技术说明以及有关标准与规范编写初步设计方案；具备解决问题能力、独立思考能力、自主学习能力，具有质量意识、成本意识、效率意识；注重组织管理与资源整合，善于整体规划，注重以人为本、可持续扩展的设计理念，统筹考虑人与环境的和谐关系，具有全局把控意识。

4. 能绘制指导施工的图纸，制定相应的文件，具有工匠精神。

5. 能组织会审，利用搜索、调研等多种方式收集整理信息，准确解读项目文件，并进行图纸会审；具备理解与表达能力、组织统筹能力。

6. 能按要求归置物品，归还资料，将图纸归档；具备归纳总结能力，具有规范意识、责任意识。

学习内容

本课程主要学习内容包括：

一、任务解读

1. 实践知识

（1）任务单的阅读。

（2）相关典型案例的分析。

（3）相关标准的解读，如《建设工程项目管理规范》（GB/T 50326—2017）、《智能建筑设计标准》（GB 50314—2015）和《安全防范工程程序与要求》（GA/T 75—1994）。

2. 理论知识

（1）整个系统的构成、性能，整体技术指标，入侵报警探测器的类型、型号，摄像机的类型、型号。

（2）摄像机镜头的要求、云台的要求、工作环境情况、传输距离、控制要求等。

（3）采用的技术手段和实施的方案。

（4）各个子系统之间以及各子系统与整个系统之间的关系。

二、现场的勘查

1. 实践知识

（1）被防护对象所在地及周边环境的全面勘查和了解。具体包括地理与人文环境的勘查，如对被防护对象周围的地形、交通情况及房屋状况的调查了解；气候的勘查，如工程现场一年中温度、湿度、风、雨、雾、霜等的变化情况的调查（以当地气候资料为准）。

（2）当地的雷电发生情况和所采取的雷电防护措施的调查。电磁环境的勘查，被防护对象周围的电磁辐射情况的调查。必要时实地测量其电磁辐射的强度，分析辐射规律。

（3）周界、监视区、防护区、禁区位置的拟定，布防方案所确定的防区的现场勘查，布防方案的草拟。

1）周界的勘查。勘查周界形状、周界长度。

2）周界内外地形地物状况等的了解。

3）周界内的勘查。勘查防区内防护部位、防护目标。

4）所有出入口位置、通道长度、门洞尺寸等的了解。

5）门窗（天窗）的位置、尺寸的了解。

6）施工现场勘查。勘查并拟定管线架设、敷设方案及线缆进线、接线方式，拟定监控中心设备布设方案，确定监控中心面积，现场设备布设及安装位置。

（4）现场勘查报告的编写，包含现场勘查内容的记录、对系统初步设计方案的建议、参与勘查各方的授权签字。

2. 理论知识

（1）被防护对象的风险等级与所要求的防护级别。

（2）被防护对象的物防设施、物防能力与人防组织管理概况。

（3）被防护对象所涉及的建筑物、构筑物或其群体的基本概况和相关资料，包括建筑平面图、通道、门窗、电（楼）梯配置、管道、供电线路布局、建筑结构、墙体及周边情况等。

三、编写初步设计方案

1. 实践知识

（1）防区的划定。

（2）安全防范系统布防图的绘制。

（3）具体防范手段和防范措施的确定。

（4）布防图及防范手段的检查、核对。

（5）由前端（探头、摄像机）至控制中心的信号传输系统以及其他所有设备、部件的系统构成图的绘制。

（6）设备、材料明细表及其概算的确定。

2. 理论知识

（1）系统设计的原则（包括风险防护级别、纵深性、均衡性、安全性、可靠性、兼容性、经济性等）。

（2）系统的功能、设备的适用场合、设备的选择与布置方法、设防监控报警区域的设置方法、信号传输方式的选择方法、线缆等材料的选择方法等。

（3）系统架构图、平面布置图的内容。

（4）工程概预算的概念和计算方法。

四、正式设计方案

1. 实践知识

（1）安全防范系统图的绘制。

（2）中心控制设备的选型及主要性能指标清单的编写，其他设备、材料清单的编写。

（3）探测器布防平面图、中心设备布置图、系统及子系统连接图的绘制。

（4）管线敷设图、设备安装图的绘制。

2. 理论知识

（1）安全防范系统的技术指标。

（2）安全防范系统设备各品牌的特点、功能、性能、价格等信息。

（3）工程项目规划、管理的内容及流程。

（4）相关标准的规定，如《安全防范工程通用规范》（GB 55029—2022）、《建筑电气与智能化通用规范》（GB 55024—2022）、《安全防范工程技术标准》（GB 50348—2018）等。

五、通用能力、职业素养和思政素养

自主学习、自我管理、信息检索、理解与表达、交往与合作、创新思维、解决问题等通用能力，安全意识、质量意识、规范意识、效率意识、成本意识、环保意识、市场意识、服务意识等职业素养，以及劳模精神、劳动精神、工匠精神等思政素养。

参考性学习任务

序号	名称	学习任务描述	参考学时
1	入侵报警和紧急报警系统设计	某学校拟进行校园安全防范系统建设。该校实训楼所在位置靠近校外马路，且位于学校边缘。平时放学后，校内保安人员巡逻间隔时间较长，夜间偶有人员翻墙进入校园、打碎玻璃、进入实训室、盗窃物品等现象发生。为了能及时发现异常情况，快速处置，减少治安问题与安全事故发生概率，学校计划在实训楼及周边安装整套入侵报警和紧急报警系统。 学生作为设计人员，完成以下操作： （1）领取任务单，查阅招标文件、设计说明书、有关标准及规范，了解系统总体功能、技术性能、技术指标、所用设备的数量与型号、工作环境情况、传输距离、控制要求等信息，明确项目设计的要求，制订设计计划。 （2）现场勘查，全面了解被防护对象的基本情况，调查和了解被防护对象所在地及周边环境。	56

| 1 | 入侵报警和紧急报警系统设计 | （3）按照纵深防护的原则，草拟布防方案，拟定周界、监视区、防护区、禁区的位置，并对布防方案所确定的防区进行现场勘查。勘查结束后撰写现场勘查报告。
（4）根据技术说明以及有关标准与规范提出初步设计方案。初步设计方案征得客户同意后，进行正式设计，绘制指导施工的图纸，制定相应的文件。
（5）组织会审会，解读项目设计文件，进行会审，完成终审。
（6）终审完成后，清理现场，归置物品，归还资料，将图纸归档。
　　在任务实施过程中，学生应严格执行有关标准，包括《智能建筑设计标准》（GB 50314—2015）、《安全防范工程通用规范》（GB 55029—2022）、《建筑电气与智能化通用规范》（GB 55024—2022）、《安全防范工程技术标准》（GB 50348—2018）等，严格遵守从业人员的职业道德，注重组织管理与资源整合，善于整体规划，注重以人为本、可持续扩展的设计理念，统筹考虑人与环境的和谐关系，具有全局把控意识，具有开拓创新、追求卓越的精神。 | |
| 2 | 视频监控系统设计 | 　　某学校拟进行校园安全防范系统建设。该校面积较大，楼宇较多，校内保安人员巡逻间隔时间较长。学校计划在校园内安装整套视频监控系统，对校园进行24 h无死角的监控。
　　学生作为设计人员，完成以下操作：
（1）领取任务单，查阅招标文件、设计说明书、有关标准及规范，了解系统总体功能、技术性能、技术指标、所用设备的数量与型号、工作环境情况、传输距离、控制要求等信息，明确项目设计的要求。
（2）现场勘查，全面了解被监控范围的基本情况，调查和了解被监控对象所在地及周边环境。
（3）按照纵深防护的原则，草拟监控方案，拟定周界、监视区、防护区、管理中心的位置，并对监控方案所确定的监控区进行现场勘查。勘查结束后撰写现场勘查报告。
（4）根据技术说明以及有关标准与规范提出初步设计方案。初步设计方案征得客户同意后，进行正式设计，绘制指导施工的图纸，制定相应的文件。
（5）组织会审会，解读项目设计文件，进行会审，完成终审。
（6）终审完成后，清理现场，归置物品，归还资料，将图纸归档。 | 80 |

2	视频监控系统设计	在任务实施过程中，学生应严格执行有关标准，包括《智能建筑设计标准》（GB 50314—2015）、《安全防范工程通用规范》（GB 55029—2022）、《建筑电气与智能化通用规范》（GB 55024—2022）、《安全防范工程技术标准》（GB 50348—2018）等，严格遵守从业人员的职业道德，注重组织管理与资源整合、善于整体规划，注重以人为本、可持续扩展的设计理念，统筹考虑人与环境的和谐关系，具有全局把控意识，具有开拓创新、追求卓越的精神。	
3	出入口控制系统设计	某学校拟进行校园安全防范系统建设。为了了解师生出入校园的时间，防止校外人员随意进出校园，学校计划在校门口、教学楼、办公楼安装出入口控制系统。工作及学习时间进行封闭管理，课余时间学生不等随意进校，教师根据工作安排可以进入学校的指定区域。 学生作为设计人员，完成以下操作： （1）领取任务单，查阅招标文件、设计说明书、有关标准及规范，了解系统总体功能、技术性能、技术指标、所用设备的数量与型号、工作环境情况、传输距离、控制要求等信息，明确项目设计的要求。 （2）现场勘查，全面了解被控制区域的基本情况，调查和了解被控制区域中人员、物品流动情况。 （3）按照纵深防护的原则，草拟门禁控制方案，拟定周界、控制区、监视区、管理中心的位置，并对门禁控制方案确定的被控制区域进行现场勘查。勘查结束后撰写现场勘查报告。 （4）根据技术说明以及有关标准与规范提出初步设计方案。初步设计方案征得客户同意后，进行正式设计，绘制指导施工的图纸，制定相应的文件。 （5）组织会审会，解读项目设计文件，进行会审，完成终审。 （6）终审完成后，清理现场，归置物品，归还资料，将图纸归档。 在任务实施过程中，学生应严格执行有关标准，包括《智能建筑设计标准》（GB 50314—2015）、《安全防范工程通用规范》（GB 55029—2022）、《建筑电气与智能化通用规范》（GB 55024—2022）、《安全防范工程技术标准》（GB 50348—2018）等，严格遵守从业人员的职业道德，注重组织管理与资源整合、善于整体规划，注重以人为本、可持续扩展的设计理念，统筹考虑人与环境的和谐关系，具有全局把控意识，具有开拓创新、追求卓越的精神。	48

| 4 | 停车库（场）安全管理系统设计 | 某商务大厦拟进行安全防范系统建设。该大厦为了客户停车方便，计划在商务大厦地下 2~3 层安装停车库安全管理系统。停车库外有电子车牌，可显示车位剩余情况。当车辆进出停车库时，图像抓拍系统可抓拍并实时查询。进入停车库后，车辆引导系统可实现停车库智能化管理。

学生作为设计人员，完成以下操作：

（1）领取任务单，查阅招标文件、设计说明书、有关标准及规范，了解系统总体功能、技术性能、技术指标、所用设备的数量与型号、工作环境情况、传输距离、控制要求等信息，明确项目设计的要求。

（2）现场勘查，全面了解商务大厦地下 2~3 层基本情况，调查和了解停车库所在地及周边环境，了解出入口车流量情况。

（3）草拟管理方案，规划一般车辆、特殊车辆、人员行动路线。拟定停车库导向标识、车道区、人行区、收费管理区的位置，并对管理方案所确定的防区进行现场勘查。勘查结束后撰写现场勘查报告。

（4）根据技术说明以及有关标准与规范提出初步设计方案。初步设计方案征得客户同意后，进行正式设计，绘制指导施工的图纸，制定相应的文件。

（5）组织会审会，解读项目设计文件，进行会审，完成终审。

（6）终审完成后，清理现场，归置物品，归还资料，将图纸归档。

在任务实施过程中，学生应严格执行有关标准，包括《智能建筑设计标准》（GB 50314—2015）、《安全防范工程通用规范》（GB 55029—2022）、《建筑电气与智能化通用规范》（GB 55024—2022）、《安全防范工程技术标准》（GB 50348—2018）等，严格遵守从业人员的职业道德，注重组织管理与资源整合，善于整体规划，注重以人为本、可持续扩展的设计理念，统筹考虑人与环境的和谐关系，具有全局把控意识，具有开拓创新、追求卓越的精神。 | 32 |

教学实施建议

1. 师资

授课教师应具备安全防范系统设计的实践经验，并能够独立或合作完成相关工学一体化课程教学设计与实施、工学一体化课程资源选择与应用。

2. 教学组织方式方法

采用行动导向的教学方法。为确保教学安全，增强教学效果，建议采用分组教学的方式（4~6 人 / 组），参与教学的班级人数不超过 35 人。在学生完成工作任务的过程中，教师须加强示范与指导，注重学生职业素养和规范操作习惯的培养。

教师在讲授或演示教学中，应借助多媒体教学设备，配备丰富的多媒体课件和相关教学辅助设备。

3. 工具、材料与设备

工具、材料与设备按组配置。

（1）工具（软件）

CAD 软件、建筑信息化建模软件、工程项目管理软件等。

（2）材料

纸张等办公耗材。

（3）设备

计算机、打印机、绘图仪、复印机等。

4. 教学资源

（1）教学场地

安全防范系统设计工学一体化学习工作站须具备良好的安全、照明和通风条件，可分为集中教学区、分组教学区、信息检索区、工具存放区、材料存放区和成果展示区，并配备相应的多媒体教学设备，面积以至少能同时容纳 35 人开展教学活动为宜。

（2）教学资料

以工作页为主，配备信息页、设备说明书、实训手册等教学资料。

5. 教学管理制度

执行工学一体化教学场所的管理规定。如需要进行校外认识实习和岗位实习，应严格遵守生产性实训基地管理制度、企业实习管理制度等。

教学考核要求

采用过程性考核和终结性考核相结合的形式。

1. 过程性考核

采用自我评价、小组评价和教师评价相结合的方式进行考核，让学生学会自我评价。教师要观察学生的学习过程，结合学生的自我评价、小组评价进行总评，并提出改进建议。

（1）课堂考核

考核出勤、学习态度、课堂纪律、小组合作与展示等情况。

（2）作业考核

考核工作页的完成、成果展示、课后练习等情况。

（3）阶段考核

书面测试、实操测试、口述测试。

2. 终结性考核

应围绕本课程目标，结合课程终结性考核要点，选择企业真实工作任务或设计学习任务进行终结性考核。

学生应根据任务要求，制订安全防范系统设计计划，并按照作业规范，在规定时间内完成具体的系统设计任务，设计方案应符合设计要求，符合规定的设计标准，满足客户要求。

考核任务案例：模拟施工场地出入口控制系统设计

【情境描述】

某工业园区计划减少保安人员数量，降低人员成本。园区管委会计划在园区内安装一套安全防范系统。该系统能进行人员进出管理，在非工作时间启动门禁，能联动进行人像捕捉并记录。需要设计人员依据安全防范工程技术标准，设计一套出入口控制系统安装方案。

【任务要求】

对照《智能建筑设计标准》（GB 50314—2015）、《安全防范工程通用规范》（GB 55029—2022）、《建筑电气与智能化通用规范》（GB 55024—2022）、《安全防范工程技术标准》（GB 50348—2018）等标准，按照客户要求，在 12 个学时内完成系统设计并通过方案论证。本任务将产生以下结果：

1. 根据情境描述与任务要求，列出与客户沟通的要点，明确工作任务与要求。

2. 查阅《安全防范工程技术标准》（GB 50348—2018）等资料，明确招标文件中的技术要求，勘查现场。

3. 完成初步设计方案。初步设计方案征得客户同意后，进行正式设计，设计结果满足任务要求。

4. 总结本次工作中遇到的问题，思考解决方法。

【参考资料】

完成上述任务时，可以使用常见的教学资料，如工作页、信息页、设计说明书、有关标准及规范、元器件技术手册、产品说明书、产品安装手册等。

（十七）建筑设备监控系统设计与实施课程标准

工学一体化课程名称	建筑设备监控系统设计与实施	基准学时	216
典型工作任务描述			

在智能楼宇建筑设备监控系统建设或改造过程中，技术人员需要根据技术规范、不同建筑特点及客户需求，完成照明监控系统设计、暖通空调监控系统设计、给水排水监控系统设计、能源管理监控系统设计的工作，设计完成后进行系统实施，以达到所需的技术要求。具体流程如下：

1. 从项目经理处领取任务单，与客户充分交流，明确需求。

2. 勘查施工现场，以独立或合作形式查阅资料，完成设计方案初稿的编写（包括设备选型、系统架构设计、图纸设计、监控点位表设计、功能设计等），随后与客户进行二次沟通，对设计方案进行调整，最终确定设计方案。

3. 设计完成后成立项目组，召开项目启动会，进行技术交底。依据设计方案，结合施工现场情况，编写项目实施方案，形成甘特图，明确周期安排、人员安排、工程范围等内容，并逐步进行建筑设备监控系统的安装、编程、调试、运行测试等环节的操作。

4. 工作过程中若遇到设计方案无法实施、系统设备与被控对象无法通信等问题，及时与项目经理进行沟通，提交解决方案。

5. 确认系统运行稳定，功能、性能指标均达到预期目标后，清理施工现场，填写系统试运行记录单、自检记录单、竣工报告并交付项目经理验收，验收合格后交付使用。

工作过程中，设计人员应严格执行有关标准，包括《智能建筑设计标准》（GB 50314—2015）、《建筑电气制图标准》（GB/T 50786—2012）、《建筑设备监控系统工程技术规范》（JGJ/T 334—2014）、《智能建筑工程施工规范》（GB 50606—2010）、《智能建筑工程质量验收规范》（GB 50339—2013）、《建筑照明设计标准》（GB/T 50034—2024）、《民用建筑供暖通风与空气调节设计规范》（GB 50736—2012）等；恪守从业人员的职业道德，注重组织管理与资源整合，善于整体规划，具有以人为本、节能环保意识、全局把控意识，具备开拓创新、追求卓越的精神。

工作内容分析

工作对象：	工具、材料、设备与资料：	工作要求：
1. 任务单的领取和阅读、客户需求的确认。	1. 工具 螺钉旋具、斜口钳、剥线钳、压线钳、打线器、卷尺、铆钉枪、钢锯、管钳、管子割刀、卡轨切割器、电烙铁、热风枪等。 压力表、万用表、水平仪、网络测试仪、风速测试仪、手持温湿度测量仪等仪器仪表。	1. 与客户和项目经理有效沟通，准确理解工作内容及工作要求。
2. 现场勘查、资料收集、设计方案及附件的编写。		2. 全面认知现场，明确资料的查阅范围及查阅方式；设计方案合理，可实施性强；方案附件编写准确且符合相应标准及规范；设备选型兼顾经济性，性价比高。
3. 实施方案的编写。	2. 材料 卡轨、端子排、膨胀螺钉、自攻螺钉、冲击钻头、焊锡丝、扎带、胶带、热缩管、防水胶布、松香、各种线材等。	3. 实施方案符合有关标准及企业相关规定，各项安排科学合理，得到客户认可。
4. 建筑设备监控系统的安装、编程、调试（包括系统校线调试、单体设备调试、网络通信调试、监控功能调试、管理功能调试等），撰写调试报告。	3. 设备 （1）带有专用软件的便携式计算机、手操器、对讲机等。 （2）供配电监控系统设备，如数据采集器、电流变送器、电压变送器、功率因数变送器、有功功率变送器、智能电表等。 （3）照明监控系统设备，如智能灯光控制模块、LED 灯驱动器、LED 灯、光照度传感器、红外探测器、声控开关等。	4. 系统安装符合有关标准、规范的相关规定，逻辑程序具有规范性、可读性、严谨性、可持续扩展性，监控画面可操作性强、美观，系统调试全面、无漏洞、无隐患，系统调试报告符合《智能建筑工程施工规范》（GB 50606—2010）及《建筑设备监控系统工程技术规范》（JGJ/T 334—2014）附录 C 中的相关规定。
5. 建筑设备监控系统监控功能及管理功能的自检（模拟全年运行过程中可能出现的工况，进行自检，调整问题后验收，填写自检记录单）。	（4）暖通空调监控系统设备，如 DDC 控制器、温湿度传感器、水温传感器、压差开关、冷冻开关、电动风阀、电动水阀、电动蒸汽阀、空气质量传感器等。	5. 对系统进行全面自检，且监控功能及管理功能符合《建筑设备监控系统工程技术规范》（JGJ/T 334—2014），自检记录单清晰记录问题。发现问题后严格整改，整改完善后方可验收。
6. 系统的运行检测，系统试运行记	（5）给水排水监控系统设备，如 PLC 控制器、压力传感器、流量传感器、水流开关、电动蝶阀、电动水阀等。	

录单的填写，竣工报告的整理与撰写。 7. 现场的清理，工具、设备的归还，资料的归档。	4. 资料 建筑图纸、甲乙双方技术交底记录等。 **工作方法：** 1. 案例沟通法 2. 需求调研法 3. 工作现场沟通法 4. 案例分析法 5. 关键词检索法 6. 甘特图法 7. 程序调试七步法 8. 管理功能测试法 9. 功能核查法 **劳动组织方式：** 1. 领取任务单。 2. 有效沟通，查阅相关资料，制订设计方案。 3. 制订实施方案，形成甘特图。 4. 以独立或合作形式进行建筑设备监控系统安装。 5. 以独立或合作形式进行建筑设备监控系统编程调试。 6. 系统测试合格后交付验收。 7. 归还工具、设备，将资料归档。	6. 系统运行稳定良好，连续 120 h 无异常情况；试运行记录单填写清晰，符合《智能建筑工程质量验收规范》（GB 50339—2013）中关于试运行记录的标准。试运行后形成竣工报告，报告清晰、有逻辑且符合《建筑设备监控系统工程技术规范》（JGJ/T 334—2014）中的有关规定。 7. 遵守"7S"管理制度，工具、资料核查准确，归还手续齐全。资料按照企业相关管理制度归档。 8. 遵守企业相关制度规定，恪守职业道德。

课程目标

学习完本课程后，学生应当能胜任照明监控系统、暖通空调监控系统、给水排水监控系统、能源管理监控系统的设计与实施工作，应具备相应的通用能力、职业素养和思政素养。具体包括以下内容：

1. 能够阅读任务单，与客户准确沟通，了解需求。结合建筑类型及服务对象查阅《智能建筑设计标准》（GB 50314—2015）、《建筑设备监控系统工程技术规范》（JGJ/T 334—2014）等相关标准，准确确定任务内容、要求、工期、拟投入资金；具备复杂信息处理能力、理解与表达能力。

2. 能够查阅技术资料，勘查现场，通过与客户及建筑设备合作企业的有效沟通，分析任务要求，完成设计方案的制订，确保设计方案符合客户要求、科学合理、可实施性强；具备交往与合作能力、理解与表达能力，具有国际视野、创新意识、节能环保意识、成本及风险控制意识。

3. 能够根据设计方案完成设备选型，制订设计方案附件，确保设备选型兼顾经济性，性价比高；能够按照《建筑电气制图标准》（GB/T 50786—2012）中的绘图标准及规范，完成设计方案附件中监控点位表的制定及项目图纸（系统图、施工图、原理图等）的绘制，确保图纸清晰、规范，监控点位表与原理图统一；具备信息处理能力、沟通交流能力，具有科技强国的理想。

4. 能根据设计方案编写实施方案，确保分工明确，施工流程清晰；具有时间意识。

5. 能根据设计方案、项目图纸、实施方案，以及《智能建筑工程施工规范》（GB 50606—2010）、《智能建筑工程质量验收规范》（GB 50339—2013）等，完成建筑设备监控系统的安装，并规范使用软件完成编程、调试；具备自主学习能力、理解与表达能力、交往与合作能力，具有风险意识、审美素养，具有工匠精神、劳模精神。

6. 能够按照设计方案及《智能建筑工程质量验收规范》（GB 50339—2013）等标准，完成建筑设备监控系统自检、运行检测，并针对问题加以改进；填写系统自检记录单、试运行记录单、竣工报告；具备理解与表达能力、解决复杂问题能力，具有工匠精神、诚实守信的职业道德。

7. 能按照相关管理规定，清理现场并归还工具、设备等，将系统程序加密存储后交付项目经理验收，并办理相关移交手续，确保技术资料移交齐全且符合企业规定；根据建筑设备监控系统编程调试过程，完成工作总结、汇报、评价，确保总结到位，汇报时使用专业术语、逻辑清晰、表达明确；具备自我管理能力，具有劳模精神。

学习内容

本课程主要学习内容包括：

一、任务解读

1. 实践知识

（1）任务单的解读。

（2）客户需求文件的解读。

2. 理论知识

（1）典型建筑设备自动化控制要点。

（2）集散式控制系统的定义、组成。

（3）建筑设备监控系统与安全防范系统、消防系统联动的内容及控制原理。

（4）集群控制系统的原理。

（5）中央控制站的一般管理功能。

（6）《智能建筑设计标准》（GB 50314—2015）、《建筑照明设计标准》（GB/T 50034—2024）中关于各建筑物照明要求的内容、《民用建筑供暖通风与空气调节设计规范》（GB 50736—2012）。

二、设计方案的制订

1. 实践知识

（1）现场环境的分析与规划。

（2）建筑设备监控系统设计方案的制订。

2. 理论知识

（1）建筑设备监控系统设计方案的组成要素及制订原则。

（2）建筑设备监控系统项目管理常识。

三、设计方案附件的编写

1. 实践知识

（1）设备品牌、型号、价格及数量的选择，有关明细表的制定。

（2）监控点位表的制定。

（3）建筑设备监控系统的系统图、施工图、原理图等图纸的绘制。

2. 理论知识

（1）建筑设备监控系统常用监控设备的品牌、参数含义、选型依据。

（2）设备、材料等明细表的组成要素。

（3）监控点位表的组成要素。

（4）《建筑电气制图标准》（GB/T 50786—2012）。

四、实施方案的编写

1. 实践知识

建筑设备监控系统实施方案的制订。

2. 理论知识

建筑设备监控系统实施方案的组成要素（如人员分工、施工进度安排等）。

五、实施方案的执行

1. 实践知识

（1）编程软件的应用（联网功能、管理功能等的应用）。

（2）上位机画面编辑软件的应用（客户权限设置、开机画面设置、管理功能应用等）。

（3）中央控制站管理功能的调试（打印机、扫描仪等的使用）。

2. 理论知识

中央控制站的管理功能。

六、系统运行与自检

1. 实践知识

建筑设备监控系统竣工报告的填写。

2. 理论知识

建筑设备监控系统竣工报告的组成要素。

七、现场清理、交付验收与资料归档

1. 实践知识

建筑设备监控系统的交付验收。

2. 理论知识

交付客户的建筑设备监控系统配置文件的组成及要求。

八、通用能力、职业素养和思政素养

自主学习、自我管理、信息检索、理解与表达、交往与合作、创新思维、解决问题等通用能力，安全意识、质量意识、规范意识、效率意识、成本意识、环保意识、市场意识、服务意识等职业素养，以及劳模精神、劳动精神、工匠精神等思政素养。

参考性学习任务

序号	名称	学习任务描述	参考学时
1	照明监控系统设计与实施	某医院住院部拟进行照明监控系统建设，其中照明监控系统设计与实施的任务由项目设计部负责完成，要求根据客户需求与建筑图纸出具设计方案（包括设备选型、系统架构设计、图纸设计、监控点位表设计、功能设计等），根据设计方案完成照明监控系统的安装、编程、调试、运行测试等，实现系统功能。 学生作为设计实施人员，完成以下操作： （1）领取任务单，根据建筑图纸及客户要求，明确任务内容及要求。 （2）勘查作业现场，以合作形式分析任务要求，严格遵守有关标准和规范，完成照明监控系统的设计方案，完成设计方案附件（包括系统设备选型表、监控点位表、项目图纸等）的编制，根据设计方案编写实施方案，并绘制甘特图。 （3）根据项目图纸、实施方案、有关标准及规范，完成照明监控系统的安装，完成系统逻辑程序及监控画面程序的编写与调试。 （4）调试完成后依据相关验收规范，完成系统运行检测，并处理问题。填写系统试运行记录单、自检记录单、竣工报告。 （5）使用 PowerPoint 等办公软件，以小组为单位对系统设计与实施过程及成果进行展示汇报、评价反思。 在任务实施过程中，学生应严格执行有关标准、规范，严格遵守从业人员的职业道德，注重组织管理与资源整合，善于整体规划，具有以人为本意识、节能环保意识、全局把控意识，培养开拓创新、追求卓越的精神。	48
2	暖通空调监控系统设计与实施	某小型写字楼拟进行暖通空调监控系统建设，其中暖通空调监控系统设计与实施的任务由项目设计部负责完成，要求根据客户需求及建筑图纸，出具设计方案（包括设备选型、系统架构设计、图纸设计、监控点位表设计、功能设计等），根据设计方案完成暖通空调监控系统的安装、编程、调试、运行测试等，实现系统功能。 学生作为设计实施人员，完成以下操作： （1）领取任务单，根据建筑图纸及客户要求，明确任务内容及要求。 （2）勘查作业现场，以合作形式分析任务要求，严格遵守有关标准和规范，完成暖通空调监控系统的设计方案，完成设计方案附件（包	88

2	暖通空调监控系统设计与实施	括系统设备选型表、监控点位表、项目图纸等）的编制，根据设计方案编写实施方案，并绘制甘特图。 （3）根据项目图纸、实施方案、有关标准及规范，完成暖通空调监控系统的安装，完成系统逻辑程序及监控画面程序的编写与调试。 （4）调试完成后依据相关验收规范，完成系统运行检测，并处理问题。填写系统试运行记录单、自检记录单、竣工报告。 （5）使用 PowerPoint 等办公软件，以小组为单位对系统设计与实施过程及成果进行展示汇报、评价反思。 在任务实施过程中，学生应严格执行有关标准、规范，严格遵守从业人员的职业道德，注重组织管理与资源整合，善于整体规划，具有以人为本意识、节能环保意识、全局把控意识，培养开拓创新、追求卓越的精神。	
3	给水排水监控系统设计与实施	某智能小区拟进行给水排水监控系统建设，其中给水排水监控系统设计与实施的任务由项目设计部负责完成，要求根据客户需求及建筑图纸，出具设计方案（包括设备选型、系统架构设计、图纸设计、监控点位表设计、功能设计等），根据设计方案完成给水排水监控系统的安装、编程、调试、运行测试等，实现系统功能。 学生作为设计实施人员，完成以下操作： （1）领取任务单，根据建筑图纸及客户要求，明确任务内容及要求。 （2）勘查作业现场，以合作形式分析任务要求，严格遵守有关标准和规范，完成给水排水监控系统的设计方案，完成设计方案附件（包括系统设备选型表、监控点位表、项目图纸等）的编制，根据设计方案编写实施方案，并绘制甘特图。 （3）根据项目图纸、实施方案、有关标准及规范，完成给水排水监控系统的安装，完成系统逻辑程序及监控画面程序的编写与调试。 （4）调试完成后依据相关验收规范，完成系统运行检测，并处理问题。填写系统试运行记录单、自检记录单、竣工报告。 （5）使用 PowerPoint 等办公软件，以小组为单位对系统设计与实施过程及成果进行展示汇报、评价反思。 在任务实施过程中，学生应严格执行有关标准、规范，严格遵守从业人员的职业道德，注重组织管理与资源整合，善于整体规划，具有以人为本意识、节能环保意识、全局把控意识，培养开拓创新、追求卓越的精神。	56

| 4 | 能源管理监控系统设计与实施 | 某社区医院拟进行能源管理监控系统建设，其中能源管理监控系统设计与实施的任务由项目设计部负责完成，要求根据客户需求及建筑图纸，出具设计方案（包括设备选型、系统架构设计、图纸设计、监控点位表设计、功能设计等），根据设计方案完成能源管理监控系统的安装、编程、调试、运行测试等，实现系统功能。

学生作为设计实施人员，完成以下操作：
（1）领取任务单，根据建筑图纸及客户要求，明确任务内容及要求。
（2）勘查作业现场，以合作形式分析任务要求，严格遵守有关标准和规范，完成能源管理监控系统的设计方案，完成设计方案附件（包括系统设备选型表、监控点位表、项目图纸等）的编制，根据设计方案编写实施方案，并绘制甘特图。
（3）根据项目图纸、实施方案、有关标准及规范，完成能源管理监控系统的安装，完成系统逻辑程序及监控画面程序的编写与调试。
（4）调试完成后依据相关验收规范，完成系统运行检测，并处理问题。填写系统试运行记录单、自检记录单、竣工报告。
（5）使用 PowerPoint 等办公软件，以小组为单位对系统设计与实施过程及成果进行展示汇报、评价反思。

在任务实施过程中，学生应严格执行有关标准、规范，严格遵守从业人员的职业道德，注重组织管理与资源整合，善于整体规划，具有以人为本意识、节能环保意识、全局把控意识，培养开拓创新、追求卓越的精神。 | 24 |

教学实施建议

1. 师资

授课教师应具备建筑设备监控系统设计与实施的实践经验，能独立或合作完成相关工学一体化课程教学设计与实施、工学一体化课程教学资源的选择与应用、工学一体化课程资源开发与建设。

2. 教学组织方式方法

采用行动导向的教学方法。为确保教学安全，增强教学效果，建议采用分组教学的方式（4～5人／组），参与教学的班级人数不超过35人。在学生完成工作任务的过程中，教师须加强示范与指导，注重学生职业素养和规范操作习惯的培养。

教师在讲授或演示教学中，应借助多媒体教学设备，配备丰富的多媒体课件和相关教学辅助设备。

3. 工具、材料与设备

（1）按人配置

材料：卡轨、端子排、膨胀螺钉、自攻螺钉、冲击钻头、焊锡丝、扎带、胶带、热缩管、防水胶布、松香、各种线材等。

工具：螺钉旋具、斜口钳、剥线钳、压线钳、打线器、卷尺、铆钉枪、钢锯、管钳、管子割刀、卡轨切割器、电烙铁、热风枪等。

（2）按组配置

工具：压力表、万用表、水平仪、网络测试仪、风速测试仪、手持温湿度测量仪等仪器仪表。

设备：带有专用软件的便携式计算机，手操器，对讲机，供配电监控系统设备（如数据采集器、电流变送器、电压变送器、功率因数变送器、有功功率变送器、智能电表等），照明监控系统设备（如智能灯光控制模块、LED 灯驱动器、LED 灯、光照度传感器、红外探测器、声控开关等），暖通空调监控系统设备（如 DDC 控制器、温湿度传感器、水温传感器、压差开关、冷冻开关、电动风阀、电动水阀、电动蒸汽阀、空气质量传感器等），给水排水监控系统设备（如 PLC 控制器、压力传感器、流量传感器、水流开关、电动蝶阀、电动水阀等）。

4. 教学资源

（1）教学场地

建筑设备监控系统设计与实施工学一体化学习工作站须具备良好的安全、照明和通风条件，可以分为集中教学区、分组教学区、信息检索区、工具存放区、材料存放区和成果展示区，并配备多媒体教学设备等，面积以至少能同时容纳 35 人开展教学活动为宜。

（2）教学资料

以工作页为主，配备相关信息页、安全操作规程、建筑图纸以及相关技术手册、标准、工艺文件等。

5. 教学管理制度

执行工学一体化教学场所的管理规定。如需要进行校外认识实习和岗位实习，应严格遵守生产性实训基地管理制度、企业实习管理制度。

教学考核要求

采用过程性考核与终结性考核相结合的形式。

1. 过程性考核

采用自我评价、小组评价和教师评价相结合的方式进行考核，让学生学会自我评价。教师要观察学生的学习过程，结合学生的自我评价、小组评价进行总评，并提出改进建议。

（1）课堂考核

考核出勤、学习态度、课堂纪律、小组合作与展示等情况。

（2）作业考核

考核工作页的完成、成果展示、课后练习等情况。

（3）阶段考核

书面测试、实操测试、口述测试。

2. 终结性考核

应围绕本课程目标，结合课程终结性考核要点，选择企业真实工作任务或设计学习任务进行终结性考核。

学生应根据任务要求，在规定的时间内完成建筑设备监控系统设计与实施任务，设计方案应符合设计要求，符合规定的设计标准，满足客户要求。

考核任务案例：模拟施工场地建筑设备监控系统设计与实施

【情境描述】

某医院拟对住院部公共区域照明监控系统进行升级改造，为此需要进行公共区域照明监控系统设计与实施。要求根据客户需求及建筑图纸，出具设计方案、监控设备选型清单，制定监控点位表，绘制项目图纸；使用专用软件完成编程后，到现场进行照明监控系统的单体调试及系统调试，实现系统功能。

【任务要求】

根据任务要求、建筑图纸等资料，分析医院住院部照明特点与需求。根据客户需求及建筑图纸，出具设计方案（包括设备选型、系统架构设计、图纸设计、监控点位表设计、功能设计等）。根据设计方案完成照明监控系统的安装、编程、调试、运行测试等，实现系统功能，本任务将产生以下结果：

1. 正确解读任务单，与客户准确沟通，了解需求，确定任务内容与要求（包括客户需求、系统实现功能及技术要求等）、工期、拟投入资金。

2. 勘查现场，记录客户需求及项目特点，制订设计方案，并完成设计方案附件的编制（包括设备材料明细表、项目图纸、监控点位表等）。

3. 依据设计方案，编写实施方案，绘制甘特图。

【参考资料】

完成上述任务时，可以使用常见的教学资源，如工作页、信息页、项目案例、技术标准、技术规范、个人笔记及数字化资源等。

（十八）楼宇技术指导与培训课程标准

工学一体化课程名称	楼宇技术指导与培训	基准学时	108
典型工作任务描述			

楼宇技术指导是指对从事楼宇系统安装与调试、楼宇系统维修等相关工作的人员进行的操作规范、工作流程、技术疑难处理等方面的指导。楼宇技术培训是指对技术人员进行的新技术、新工艺、新材料和新设备等方面的培训。

楼宇技术指导与培训工作一般由技术管理人员完成。在工程施工、系统运行与维修保养、设备维修等工作中，为确保规范操作，提高工作效率，实现企业效益最大化，需要安排技术管理人员对相关人员进行技术指导与培训。具体流程如下：

1. 从项目经理处领取任务单，明确工作内容及工作要求。

2. 在对楼宇系统工程施工、系统运行与维修保养、设备维修等工作进行监控过程中，记录工作人员出现的操作不规范、工作流程不熟悉、安全意识淡薄等问题，并就所记录问题进行现场技术指导。

3. 根据企业对员工的培训需求，制订业务培训方案。采取现场讲解、示范操作、小组研讨等方式对工作人员开展专项技术培训，促进新技术、新设备、新材料、新工艺的应用。

4. 搜集技术指导、业务培训对象的评价反馈意见，根据意见修订指导培训方案，并提交项目经理验收。

工作过程中，技术管理人员须做好整体统筹规划，及时发现问题，遵守企业质量管理制度、安全生产制度、文明施工制度等规定，恪守从业人员的职业道德。

工作内容分析

工作对象：	工具、设备、材料与资料：	工作要求：
1. 任务的领取和阅读，工作内容和要求的明确。 2. 作业过程中问题的记录，现场技术指导。 3. 业务培训方案的制订。 4. 业务培训的实施。 5. 反馈意见的搜集，培训方案的修订、整理与交付。 6. 设备的归还，资料的归档。	**1. 工具、设备与材料** 根据楼宇技术指导与培训所涉及的各楼宇智能化系统，以及工程施工、系统运行与维修保养、设备维修等不同工作内容，选用相应的工具、材料、设备，以及便携式计算机、投影仪、培训白板和相关文具等。 **2. 资料** 任务指导书、企业操作规范、相关标准、课程资料、设备说明书、工作记录单、培训效果评价表等。 **工作方法：** 1. 小组研讨法 2. 头脑风暴法 3. 案例分析法 **劳动组织方式：** 1. 领取任务单。 2. 前往现场指导有关人员进行操作。 3. 与现场作业人员沟通，制订业务培训方案。 4. 面向现场作业人员开展培训。 5. 搜集培训对象反馈意见。 6. 修订方案并将方案归档。	1. 与项目经理有效沟通，明确楼宇系统技术指导、业务培训等工作任务的内容与要求。 2. 准确查找工作中存在的问题，并有效开展技术指导，解答疑难问题，准确示范操作。 3. 根据需求编写业务培训方案。 4. 按照培训方案有效实施培训，时刻关注培训对象接受程度，适时调整培训方法。 5. 对培训反馈意见进行分析并总结整改。 6. 严格执行有关标准、规范，遵守企业相关制度规定，恪守职业道德。

课程目标

学习完本课程后，学生应当能胜任楼宇技术指导与培训工作，包括楼宇系统安装与调试技术指导、楼宇系统检测与维护技术指导、楼宇系统技术培训等工作；应具备相应的通用能力、职业素养和思政素养。具体包括：

1. 能明确楼宇系统技术指导、业务培训等任务的内容与要求，具备信息分析能力、可行性分析能力。

2. 能发现作业过程中的不规范操作，以及对工作流程不熟悉、安全意识淡薄等问题，并有针对性地进行技术指导；具备可行性分析能力、统筹协调能力、组织管理能力、解决突发问题能力，养成质量意识、成本意识、效率意识。

3. 能针对发现的问题科学制订业务培训方案；具备信息分析能力、统筹协调能力、自我管理能力、创新思维能力等职业能力，养成时间意识、成本意识、效率意识。

4. 能够采取小组研讨、头脑风暴、案例分析等方法对作业人员进行培训；具备语言表达能力、统筹协调能力、组织管理能力等职业能力，具有工匠精神和劳动精神。

5. 能够针对评价反馈的问题及时进行纠正，总结改进、汇报展示；具备信息分析能力、自我管理能力、创新思维能力等职业能力，具有质量意识、危机公关意识。

学习内容

本课程主要学习内容包括：

一、任务解读

1. 实践知识

（1）任务单的读取和分析。

（2）施工项目相关资料的收集。

（3）工作计划的制订。

2. 理论知识

（1）施工项目相关资料清单。

（2）有效沟通六要素。

二、施工过程问题记录与施工现场技术指导

1. 实践知识

（1）作业现场问题记录单的制作、作业现场问题的规范记录。

（2）操作标准的解析、施工工艺的纠正、疑难问题的解答、作业示范操作。

2. 理论知识

（1）《智能建筑工程施工规范》（GB 50606—2010）、《综合布线系统工程验收规范》（GB/T 50312—2016）。

（2）施工管理、突发问题解决流程。

（3）楼宇系统安装调试及检测维护工作相关操作规范、工作流程、常见问题、方案优化方法等。

三、业务培训方案的制订

1. 实践知识

（1）头脑风暴法的运用。

（2）培训方案的编写。

（3）培训讲义及课件的编写。

2. 理论知识

（1）培训方案体例、培训内容、办公软件使用方法、培训讲义体例。

（2）楼宇行业发展趋势以及相关的新技术、新工艺、新材料、新方法。

四、业务培训的实施

1. 实践知识

（1）培训课程的讲授（采用小组研讨法、案例分析法）。

（2）培训活动的组织。

（3）培训过程中的控制。

（4）技术指导和培训中的有效沟通、任务分配。

2. 理论知识

（1）小组研讨法、案例分析法。

（2）团队合作的相关知识。

五、反馈意见的搜集以及培训方案的修订、整理与交付

1. 实践知识

（1）培训效果的评价。

（2）培训活动的评价。

（3）评价结果有关数据的整理与分析。

（4）培训方案的修订、整理与交付。

2. 理论知识

常用数据分析指标体系。

六、通用能力、职业素养和思政素养

自主学习、自我管理、信息检索、理解与表达、交往与合作、创新思维、解决问题等通用能力，安全意识、质量意识、规范意识、效率意识、成本意识、环保意识、市场意识、服务意识等职业素养，以及劳模精神、劳动精神、工匠精神等思政素养。

参考性学习任务

序号	名称	学习任务描述	参考学时
1	楼宇系统安装与调试技术指导	某学校教学楼需要进行智能化系统升级改造，由后勤服务部门完成各系统的安装与调试工作。为了保证施工质量，该部门安排一名技术人员负责项目监理和技术指导工作。 学生作为技术指导人员，完成下列操作： （1）领取任务单，明确任务内容与要求。 （2）在监理过程中，发现安装人员张某未按有关标准使用工具施工，同时存在不规范佩戴安全帽等不符合安全生产制度的行为。针对出现的问题，采取现场讲解、示范操作的方法，对安装人员进行技术指导，将正确使用专用工具的方法口头传授并反复示范，再次讲解安全生产制度、操作规范。在后续的安装调试过程中，全程跟踪。	48

1	楼宇系统安装 与调试技术指导	（3）在安装调试工作完成后，进行质量检验，不合格的进行返工修改，确保安装调试符合要求并进行记录。 在任务实施过程中，学生要提出合理的工作方案，做到言传身教，具有甘为人梯的育人精神。	
2	楼宇系统检测 与维护技术指导	某学校办公楼安全防范系统经常出现设备报警情况，学校决定由智能楼宇系统安全防范教研组完成安全防范系统的检测与维护工作。为了保证工作质量，学校安排一名技术人员负责项目监理和技术指导。 学生作为技术指导人员，完成下列操作： （1）领取任务单，明确任务内容与要求。 （2）在监理过程中，发现检测人员赵某未按有关标准使用正规检测工具，存在带电操作等重大安全隐患。针对出现的问题，采取现场讲解、示范操作的方法，对检测人员进行技术指导，将正确使用专用工具检测的方法口头传授并反复示范，并再次讲解安全生产制度、操作规范。在后续的检测维护过程中，全程跟踪。 （3）在检测维护工作完成后，进行质量检验，不合格的返工修改，确保系统运行正常。 在任务实施过程中，学生要提出合理的工作方案，做到言传身教，具有甘为人梯的育人精神。	40
3	楼宇系统 技术培训	某公司的施工人员流动性较强。在某一年第三季度总结中，项目经理提出希望公司开展一次新设备操作方法与新技术应用培训。此项工作由公司技术研发部负责实施。接到公司下达的培训任务后，技术研发部选派楼宇技师孙某牵头完成这项工作。 学生作为技术指导人员，完成下列操作： （1）领取任务单，明确任务内容与要求。 （2）针对企业要求，制订培训计划。准备技术资料、实物、典型案例，制作课件。 （3）采用实物展示、演示操作等方法对新设备的使用以及新技术的发展趋势等内容进行培训，并对受训人员提出的疑难问题进行解答。 （4）培训结束后对培训效果进行评价，对反馈的问题及时纠正，最后进行总结汇报和展示。 在任务实施过程中，学生要采用科学有效的授课方法，做到言传身教，具有甘为人梯的育人精神。	20

教学实施建议

1. 师资

授课教师应具有楼宇技术指导与培训的实践经验，并能够独立或合作完成相关工学一体化课程教学设计与实施、工学一体化课程资源开发与建设。

2. 教学组织方式方法

采用行动导向的教学方法。为确保教学安全，增强教学效果，建议采用分组教学的方式（4~5人/组），参与教学的班级人数不超过35人。

在教学中，可采用角色扮演法，由学生扮演楼宇系统技师，对低年级学生或待训学员进行技术指导或培训。在学生完成工作任务的过程中，教师应给予必要的引导，注重培养学生解决复杂性、关键性和创造性问题的能力以及技术指导与培训的能力。

3. 工具、材料与设备

根据楼宇技术指导与培训所涉及的楼宇智能化各系统，以及工程施工、系统运行与维修保养、设备维修等不同工作内容，选用相应的工具、材料、设备，按组配备便携式计算机、投影仪、培训白板和相关文具等。

4. 教学资源

（1）教学场地

楼宇技术指导与培训工学一体化学习工作站须具备良好的安全、照明和通风条件，可分为集中教学区、分组教学区、信息检索区、工具存放区、材料存放区和成果展示区，并配备相应的多媒体教学设备，面积以至少能同时容纳35人开展教学活动为宜。

（2）教学资料

以工作页为主，配备信息页、技术案例、有关标准与规范、设备说明书等教学资源。

5. 教学管理制度

执行工学一体化教学场所的管理规定。如需要进行校外认识实习和岗位实习，应严格遵守生产性实训基地管理制度、企业实习管理制度。

教学考核要求

采用过程性考核与终结性考核相结合的形式。

1. 过程性考核

采用自我评价、小组评价和教师评价相结合的方式进行考核，让学生学会自我评价。教师要观察学生的学习过程，结合学生的自我评价、小组评价进行总评，并提出改进建议。

（1）课堂考核

考核出勤、学习态度、课堂纪律、小组合作与展示等情况。

（2）作业考核

考核工作页的完成、成果展示、课后练习等情况。

（3）阶段考核

书面测试、实操测试、口述测试。

2. 终结性考核

应围绕本课程目标，结合课程终结性考核要点，选择企业真实工作任务或设计学习任务进行终结性考核。

学生应根据任务要求，制订楼宇系统技术培训方案，并按照规范，在规定时间内完成具体培训任务，且培训对象的满意度较高。

考核任务案例：视频监控系统安装调试培训方案的制订与实施

【情境描述】

某单位办公室需要安装视频监控系统，公司拟派遣实习生完成此任务。现安排技术人员针对本次安装与调试工作进行岗前培训，要求技术人员自主制订培训方案并实施此次培训。

【任务要求】

在规定时间内完成办公室视频监控系统安装调试培训方案的制订并进行培训，且培训对象满意度达到90%以上。具体要求如下：

1. 根据情境描述与任务要求，列出该视频监控系统安装调试所用的设备型号，并分析安装人员技能水平。

2. 编写视频监控系统安装调试培训方案。

3. 实施视频监控系统安装调试培训。

4. 编写视频监控系统安装调试培训效果评价表。

5. 开展培训效果问卷调查，并分析调查数据。

6. 根据调查数据修订培训方案。

【参考资料】

完成上述任务时，可以使用常见的教学资料，如工作页、信息页、项目方案、元器件技术手册、产品说明书、产品安装手册和相关技术资料等。

六、实施建议

（一）师资队伍

1. 师资队伍结构

应配备一支与培养规模、培养层级和课程设置相适应，业务精湛、素质优良、专兼结合的工学一体化教师队伍。中、高级技能层级的师生比不低于1∶20，兼职教师人数不得超过教师总数的三分之一，具有企业实践经验的教师应占教师总数的20%以上。预备技师（技师）层级的师生比不低于1∶18，兼职教师人数不得超过教师总数的三分之一，具有企业实践经验的教师应占教师总数的25%以上。

2. 师资学历与职业技能等级要求

教师学历应符合国家规定的学历要求并具备相应的教师资格。承担中、高级技能层级工学一体化课程教学任务的教师应具备高级及以上职业技能等级。承担预备技师（技师）层级工学一体化课程教学任务的教师应具备技师及以上职业技能等级。

3. 师资素质要求

教师思想政治素质和职业素养应符合《中华人民共和国教师法》和教师职业行为准则等的要求。

4. 师资能力要求

承担工学一体化课程教学任务的教师应具有独立完成工学一体化课程相应学习任务的工作实践能力。三级工学一体化教师应具备工学一体化课程教学实施、工学一体化课程考核实施、教学场所使用管理等能力。二级工学一体化教师应具备工学一体化学习任务分析与策划、工学一体化学习任务考核设计、工学一体化学习任务教学资源开发、工学一体化示范课设计与实施等能力。一级工学一体化教师应具备工学一体化课程标准转化与设计、工学一体化课程考核方案设计、工学一体化教师教学工作指导等能力。一级、二级、三级工学一体化教师之比以 1∶3∶6 为宜。

（二）场地设备

教学场地应满足培养要求中规定的典型工作任务实施和相应工学一体化课程教学的环境及设备设施要求，同时应保证教学场地具备良好的安全、照明和通风条件。其中校内教学场地和设备设施应能支持资料查阅、教师授课、小组研讨、任务实施、成果展示等活动的开展。企业实训基地应具备工作任务实践与技术培训等功能。

其中，校内教学场地和设备设施应按照不同层级技能人才培养要求中规定的典型工作任务实施要求和工学一体化课程教学需要进行配置。具体包括如下要求：

1. 实施楼宇系统运行值机与维护工学一体化课程教学的楼宇系统学习工作站，应配备计算机、常用探测器、紧急报警装置、报警控制主机、控制键盘、交换机、声光显示装置、报警记录装置、各类摄像机、光端机、解码器、视频矩阵、网络接口控制器、监视器、存储设备、数字视频录像机、读卡器、生物识别器、开门按钮、电子锁、门禁控制器、网络适配器、地感线圈车辆检测器、出入口抓拍机、雷达、出入口控制机、出入口控制终端、道闸、供配电监控设备、电流变送器、电压变送器、功率因数变送器、有功功率变送器、智能电表、照明监控系统设备、暖通空调监控系统设备、给水排水监控系统设备、排烟风机、排烟管道、防火卷帘控制器、消防水泵、湿式报警阀、手动启动按钮、对讲机、值班电话等设备，配备入侵报警和紧急报警系统、视频监控系统、出入口控制系统、停车库（场）安全管理系统、建筑设备监控系统、火灾报警及消防联动系统等系统，配备螺钉旋具、斜口钳、剥线钳、压线钳、打线器、电烙铁、照明工具、记录笔、试电笔、万用表、钳形电流表、兆欧表、接地电阻测试仪等工具与材料，以及投影仪、多媒体广播软件、扩声系统等多媒体教学设备（软件）。

2. 实施管线敷设与测试工学一体化课程教学的学习工作站，应配备模拟墙、电源等设备，配备建筑物供电系统、综合布线系统等系统，配备网络测试仪、寻线器、万用表、兆欧表、光纤熔接机、钢卷尺、锤子、錾子、钢锯、锯条、半圆锉、线坠、弯管弹簧、管子割刀、梯子、冲击钻、手电钻、PVC 线管、PVC 线槽、软管接头、塑料膨胀螺栓、水平仪、尺杆、角尺、镀锌线管、镀锌线槽、连接弯头、螺纹接头、接线盒、中间连接器、膨胀螺栓、金属线槽、剥线钳、尖嘴钳、打线钳、压线钳、螺钉旋具、引线器、电烙铁等工具与材料，以及投影仪、多媒体广播软件、扩声系统等多媒体教学设备（软件）。

3. 实施网络通信设备安装与调试、网络通信系统配置与维护、网络通信系统设计与构建工学一体化课程教学的网络通信系统学习工作站，应配备便携式计算机（自带设计软件、平台软件）、标准机柜、配线架、理线架等管理间设备，交换机、路由器、防火墙、服务器、打印机、扫描仪、光纤熔接机等有线网络相关工具与设备，无线接入点、无线控制器、无线路由器、网络测试仪、无线信号检测仪等无线网络相关工具与设备，数字程控交换机、有线电话机、无线电话机等语音通信设备，分配器、分支器、分配放大器、用户终端盒、机顶盒等有线电视用户分配网设备，冲击钻、手电钻、角磨机、电锯、电动扳手、水钻、试电笔、螺钉旋具、钢卷尺、穿线器、斜口钳、打线钳、剥线钳、压线钳、网络测试仪、铆钉枪、钢锯、管钳、管子割刀、卡轨切割器、电烙铁、热风枪、梯子、安全防护用品等各类工具，卡轨、端子排、膨胀螺钉、自攻螺钉、麻花钻头、冲击钻头、水晶头、角磨片、焊锡丝、扎带、胶带、热缩管、电工胶布、松香、线材等各类材料，以及投影仪、多媒体广播软件、扩声系统等多媒体教学设备（软件）。

4. 实施火灾报警及消防联动系统安装与调试、火灾报警及消防联动系统检测与维护、火灾报警及消防联动系统设计工学一体化课程教学的火灾报警及消防联动系统学习工作站，应配备火灾报警控制器、隔离器、火灾报警探测器、输入输出模块、声光报警器、消防广播扬声器、手动火灾报警按钮、排烟风机、排烟管道、防火卷帘控制器、消防水泵、湿式报警阀等设备，模拟墙、设备安装支架等设施，冲击钻、手电钻、角磨机、电锯、电动扳手、水钻、试电笔、螺钉旋具、剥线钳、压线钳、卷尺、秒表、万用表、测距仪、接地电阻测试仪、绝缘电阻测试仪、点型感烟火灾探测器试验器、点型感温火灾探测器试验器、接线头、接线盒、安全防护用品、信号线、接线端子、阻燃双绞线、阻燃信号线等工具与材料，以及投影仪、多媒体广播软件、扩声系统等多媒体教学设备（软件）。

5. 实施建筑设备监控系统安装、建筑设备监控系统检测与维护、建筑设备监控系统编程调试、建筑设备监控系统设计与实施工学一体化课程教学的建筑设备监控系统学习工作站，应配备暖通空调模型、送排风管道、给水排水模型、供配电柜等设施，电流变送器、电压变送器、功率因数变送器、有功功率变送器、智能电表、LED 灯驱动器、LED 灯、光照度传感器、红外探测器、声控开关、温湿度传感器、水温传感器、压差开关、冷冻开关、电动风阀、电动水阀、电动蒸汽阀、空气质量传感器、压力传感器、流量传感器、水流开关、电动蝶阀、计算机、服务器等设备，万用表、钳形电流表、网络测试仪、风速测试仪、手持温湿度测量仪、压力测试仪等仪器仪表，手电钻、电动扳手、螺钉旋具、斜口钳、剥线钳、压线钳、卷尺、钢锯、线号机等工具，导线、电缆、网线、接线端子等材料，以及投影仪、高拍仪等多媒体教学设备。

6. 实施安全防范系统安装与调试、安全防范系统检测与故障处理、安全防范系统设计工学一体化课程教学的安全防范系统学习工作站，应配备计算机、点型探测器、线型探测器、面型探测器、空间型探测器、防盗报警控制主机、声光报警器、数字视频录像机、视频矩阵、显示器、常用球型与枪型摄像机、交换机、光端机、读卡器、开门按钮、锁、门禁电源、门禁控制器、网络适配器、道闸、读卡（识别二维码）设备、自动出卡机、摄像机、控制主机等设备，入侵报警和紧急报警系统、视频监控系统、出入口控制系统、停车库（场）安全管理系统、综合布线系统、建筑物供电系统等系统；配备光纤熔接机、水平仪、激光测距仪、网络测试仪、寻线器、光衰减测试仪、视频监控测试仪、万用表、打印机、对讲机等工具与材料，以及投影仪、扩声系统等多媒体教学设备（软件）。

7. 实施音视频系统安装与调试、会议广播系统测试与检修工学一体化课程教学的音视频系统、会议广播系统学习工作站，应配备话筒、功率放大器、音箱、调音台、音频处理器、多媒体播放设备、显示设备、视频矩阵、会议主机、会议代表单元、摄像机、多点控制单元、计算机等设备，模拟墙、模拟控制机房、机柜等设施，螺钉旋具、水平仪、电钻、斜口钳、小型便携式老虎钳、支撑钳、万用表、电烙铁、测试总线、RCA 音频莲花头、卡侬头、3.5 mm 音频头、6.5 mm 音频头、BNC 头、VGA 头、视频线、网线、光纤、电源线、信号线、HDMI 线、DVI 线等工具与材料，以及投影仪、扩声系统等多媒体教学设备（软件）。

上述学习工作站建议按每个工位安排 2 人学习与工作的标准进行配置。

（三）教学资源

教学资源应按照培养要求中规定的典型工作任务实施要求和工学一体化课程教学需要进行配置。具体包括如下要求：

1. 楼宇系统运行值机与维护工学一体化课程教学宜配置建筑智能化系统应用及维护、现代建筑智能化系统运行与维护管理手册、《建筑智能化系统运行维护技术规范》（JGJ/T 417—2017）等资料及相应的工作页、信息页、教学课件、典型案例、操作规程、技术规范、技术标准和数字化资源等。

2. 管线敷设与测试工学一体化课程教学宜配置《低压配电设计规范》（GB 50054—2011）、《电气装置安装工程　电缆线路施工及验收标准》（GB 50168—2018）、《建筑电气工程施工质量验收规范》（GB 50303—2015）、《电气装置安装工程　电缆线路施工及验收标准》（GB 50168—2018）等有关标准，楼宇管线敷设与测试等教材及相应的工作页、信息页、教学课件、典型案例、操作规程、技术规范、技术标准和数字化资源等。

3. 网络通信设备安装与调试、网络通信系统配置与维护、网络通信系统设计与构建工学一体化课程教学宜配置《公用计算机互联网工程设计规范》（YD/T 5037—2005）、《公用计算机互联网工程验收规范》（YD/T 5070—2005）、《有线接入网设备安装工程设计规范》（YD/T 5139—2019）、《有线接入网设备安装工程验收规范》（YD/T 5140—2005）、《通信线路工程设计规范》（GB 51158—2015）、《通信线路工程验收规范》（GB 51171—2016）、《有线电视网络工程设计标准》（GB/T 50200—2018）、《综合布线系统工程设计规范》（GB 50311—2016）、《综合布线系统工程验收规范》（GB/T 50312—2016）等有关标准及规范，网络通信设备安装与调试、网络通信系统配置与维护、网络通信系统设计与构建等教材以及相应的工作页、信息页、教学课件、典型案例、操作规程、技术规范、技术标准和数字化资源等。

4. 火灾报警及消防联动系统安装与调试、火灾报警及消防联动系统检测与维护、火灾报警及消防联动系统设计工学一体化课程教学宜配置火灾报警与消防联动技术、火灾报警及消防联动系统实务、火灾自动报警系统、火灾自动报警及消防联动系统运行与管理、建筑消防系统的设计安装与调试等教材及相应的工作页、信息页、教学课件、操作规程、典型案例、技术规范、技术标准和数字化资源等。

5. 建筑设备监控系统安装、建筑设备监控系统检测与维护、建筑设备监控系统编程调试、建筑设备监控系统设计与实施工学一体化课程教学宜配置《智能建筑设计标准》（GB 50314—2015）、《建筑设备监控系统工程技术规范》（JGJ/T 334—2014）、《智能建筑工程施工规范》（GB 50606—2010）、《智能建筑工程质量验收规范》（GB 50339—2013）、《建筑照明设计标准》（GB/T 50034—2024）、《民用建筑供暖通风与空气调节设计规范》（GB 50736—2012）、《公共建筑节能设计标准》（GB 50189—2015）等有关标准及规范，建筑设备监控系统安装与运行、建筑设备自动化基础、建筑设备监控系统、智能建筑设备自动化系统设计与实施等教材及相应的工作页、信息页、教学课件、典型案例、操作规程、技术规范、技术标准和数字化资源等。

6. 安全防范系统安装与调试、安全防范系统检测与故障处理、安全防范系统设计工学一体化课程教学宜配置《安全防范工程技术标准》（GB 50348—2018）、《智能建筑工程质量验收规范》（GB 50339—2013）、《建筑电气工程施工质量验收规范》（GB 50303—2015）、《安全防范工程通用规范》（GB 55029—2022）、《建筑电气与智能化通用规范》（GB 55024—2022）等有关标准及规范，安全防范系统工程、安全防范技术及系统应用、建筑智能安全防范系统、安全防范系统建设与运行管理、安全防范系统工程施工等教材及相应的工作页、信息页、教学课件、典型案例、操作规程、技术规范、技术标准和数字化资源等。

7. 音视频系统安装与调试、会议广播系统测试与检修工学一体化课程教学宜配置公共广播与会议系统应用技术、音视频会议系统与大屏显示技术、现代音视频会议系统与工程设计等教材及相应的工作页、信息页、教学课件、典型案例、操作规程、技术规范、技术标准和数字化资源等。

（四）教学管理制度

本专业应根据培养模式提出的培养机制实施要求和不同层级运行机制需要，建立有效的教学管理制度，包括学生学籍管理、专业与课程管理、师资队伍管理、教学运行管理、教学安全管理、岗位实习管理、学生成绩管理等方面的制度。其中，中级技能层级的教学运行管理宜采用"学校为主、企业为辅"的校企合作运行机制，高级技能层级的教学运行管理宜采用"校企双元、人才共育"的校企合作运行机制，预备技师（技师）层级的教学运行管理宜采用"企业为主、学校为辅"的校企合作运行机制。

七、考核评价

（一）综合职业能力评价

本专业可根据不同层级技能人才培养目标及要求，科学设计综合职业能力评价方案并对学生开展综合职业能力评价。评价时应遵循技能评价的情境原则，让学生完成源于真实工作的案例性任务，通过对其工作行为、工作过程和工作成果的观察分析，评价学生的工作能力和工作态度。

评价题目应来源于本职业（岗位或岗位群）的典型工作任务，通过对从业人员实际工作内容、过程、方法和结果的提炼概括，形成具有普遍性、稳定性和持续性的工作任务。题目可包括仿真模拟、客观题、真实性测试等多种类型，并可借鉴有关职业能力测试项目及世界技能大赛有关项目的设计和评估方式。

（二）职业技能评价

本专业的职业技能评价应按照现行职业资格评价或职业技能等级认定的相关规定执行。中级技能层级学生宜取得智能楼宇管理员职业技能等级四级证书，高级技能层级学生宜取得智能楼宇管理员职业技能等级三级证书，预备技师（技师）层级学生宜取得智能楼宇管理员职业技能等级二级证书。

（三）毕业生就业质量分析

本专业应在毕业生就业后一定时间内（如毕业半年、毕业一年等）开展就业质量调查，宜从毕业生规模、性别、培养层次、持证比例等维度分析毕业生总体就业率、专业对口就业率、稳定就业率、就业行业岗位分布、就业地区分布、薪酬待遇水平，以及用人单位满意度等数量指标。通过开展毕业生就业质量分析，持续提升本专业建设水平。